岩 波 文 庫

31-152-2

科学者の自由な楽園

朝永振一郎著
江沢　洋編

岩 波 書 店

目　次

わが師・わが友　155

楽　園　209

紀　行　321

いま・むかし

父

私の目にうつった父はいつも本をよんでいた。書斎は子供の立入るのを許されない場所であったからそこで父が何をしていたかは知らない。しかし父の読書は寝床の中や、ひるね用の長いすの上でも行われた。それが音読で、何度も何度も同じ所を読む。子供には外国語は何でも同じに聞えたが、父さんがいま読んでるのは英語よとか英語ではないわよとか女学校へ入った姉が得意顔で彼女の弟たちに語った。読書にあきると、花壇の手入をしたり、散歩をしたり、子供たちも時々ステッキ代りにつれて行かれた。父は足が早かったので、われわれは黙々として一生懸命あとを追った。

書斎は子供たちに立入禁止であったが、私は留守をねらってときどきしのび込んだ。目的はマイエルの百科事典の絵を見るのにある。この本には美しい色ずりの絵がたくさんあった。花の絵や動物の絵、世界各国の旗の絵、色々な人種の風俗の絵、いろいろな乗物や機械の絵などである。それから机の上にあるガラス製のぶんちんやからくさ模様のペーパーナイフなども魅力的である。読みさしの本の間にしおり代りにはさんであるペーパーナイフを引出してさて元に返そうと思うと、どこにはさんであったかわからなくなった。いいかげんの所にはさんでおいてそしらぬ顔をしている。そんなことで、あき巣ねらいが入っていることを父は知っていた筈であるが、それでしかられたことは一度もなかった。

晩しゃくのあとで父はよくうたたねをした。ごはんがすむとそのままそこへねころがって、そのままそこでねこんでしまう。おかぜめしますよお父さんと母がいつもいう。それでも父はなま返事をして起きようとしない。お酒は好きであった。量も時にはかなり多かったこともあった。しかし陽気になるとか何んとかいうのでなく、とうぜんと気もちよくなるのである。おれは酒を薬としてのむのだとよく言っていた。便秘をするとビールを飲む。ゆるむとウィスキーを飲む。子供たちも一寸《ちよつと》おなかがゆるむと、ウィスキーの中に梅ぼしを入れたのを一杯のまされた。ビールとウィスキーを適当にやることで胃腸の調節がとれると父は信じていた。

父は夜不眠になることが時々あったようである。まだ眠り薬など流行しない時であったから、父のそれに対する治療法は、そのときあかりをつけて本を読む、そうするとやがて又つかれて眠くなるという。だから寝床の中での読書は眠り薬の代用でもあった。晩年にはその療法はかえって不眠を助長することになったので別の療法を考案した。それは枕もとにビスケットと水とを用意して、それを飲食する。そうすると、血液が胃に集《あつま》るから、脳の興奮がとれて眠くなるというのが父の理論であった。この不眠のくせがあったので、父は茶やコーヒーの類は一切口にしなかった。

からだが弱かったので父はたんたんとして山も谷もない平凡な生活が好きであった。凡《およ》そ劇的なことや、はったりめいたことは好まない。玉砕より瓦全《がぜん》、ということをよく言った。芝居や小説は見たり読んだりするにはよいが、自分でやるのはたまらない。停年でやめる前に病気をしたが、そのときに闘病ということばがあるがおれは親病でいく、病気と仲よしになっていれば、はじめ虎のようであった病気も、猫のようにかいならすことが出来るというのである。

父がこういうふうにたんたんとしていたから、われわれの父に対する気もちもたんたんとしている。特別に甘えたこともないし、特に感激するような思い出もない。それにもかかわらず実は子供たちは父にたより切っていたことになる。空気や水のように別ににおいも味もないが、これほど貴重なものが外にあったろうか。

私はからだが弱かったので父はずいぶん心配したらしい。しかしその心配を父は決して顔に出したりしない。心配を表現することがどうして事態を改善するのに役立つであろうか。それよりも父のやったことは、医者と相談してめんみつに私の生活の設計を立てることである。そうして、学校の先生とも相談して、私の学校生活を通じて私の健康を改善することを試みた。父は医者、学校の先生と話し合ってこういうことをやっているのを私には少しも知らせなかった。私が中学校を卒業するときに、担任の先生が私に言った。きみは一人で大きくなったように思っているかもしれないが、きみのお父さんは、きみが健康になるようにずいぶん色々考えて心をくばって来られたのだ。このごろは元気にしてますかってよく私のところへひそかにききに来られた。だからきみはお父さんをありがたく思わなくてはいけない。

私は私なりに独立心が出てきたから、父にあまり心をくばられるのはいやであった。父はその私の気もちを知っていたから私にはないしょでこんなことをやっていたのである。

父が死んだあと、私は父の日記帳を引ぱり出してきた。そうすると、私たちの知らないことで、父がいろいろ子供たちのために心をくばっていたことが書いてある。私たちは独力でおとなになったと思っていたけれど、やはり父は子供たちのために、空気の如く水の如く貴重なものであった。

私はマイエルの事典をかたみにもらうことにしている。この本の絵は子供の時の思い出になる。この本にある動物や植物の絵や、汽車や電車や、いろいろな機械の絵が、私の科学心の芽ばえをつちかってくれたような気がする。私が子供から大人になりかける時代にも、父の書斎にしのび込んでこの本を見ることがあった。その目的を白状すると、その年ごろの好奇心、自分の生理や、ヴィナスに関するもろもろのことについての好奇心をこの本が少しばかりみたす役をするからである。この本を私がもらって家におくと私の子供もまた同じことをするであろう。

戦争中から戦後にかけての困難な時代を、父と母の二人の、あまり丈夫でない老人が、無事にのりこしたのは全く感謝すべきことである。息子や娘たちはみな遠くにいる。食料の買出しにも行けない二人の老人が、とにかく食べて行けた。それはいろいろなかたがたの温い心づくしによっていた。父はそれを御布施を受ける坊さんのように有がたくいただいていたようである。たくほどは風のもてくる落葉かな、という良寛和尚の句をよく口にして、ありがたいものだということをよく私たちに語った。そうして、死ぬときもたんたんとして死んだ。いつものように食事をし、いつものように母と語り、いつものように庭の花をながめ、いつものように入浴して、そうして死んだ。暁烏《あけがらす》〔敏《はや》〕先生のお歌にあるように平生の如く静かに死んだ。年は八十歳であった。

京都と私の少年時代

実はきのう西堀（栄三郎）さん、清水（栄）さんと打合わせをやろうやってわけで、南禅寺のある料亭で打合わせをしました。何を打合わせるのかっていうと、盃を打合わせた（笑）。そういうことをやりまして、結局、もう漫談でいこうやっていうことになりました。それで、ただ漫談をやるためにも、少し舌がなめらかになる必要があるんで、この中に焼酎でもいれようかなんて話も出たものですから、さっきちょっとなめてみましたら、ただの水でした（笑）。……そういう打合わせがすんでおりますんで、少し脱線するかも知れませんけど、ご了承願いたいと思います。

まず私の履歴書をご覧になって、お気におつきになる方があるかどうか知りませんけれども、湯川（秀樹）さんが明治四十年一月二十三日生まれで、私は三十九年三月三十一日生まれ。それから湯川さんの小学校卒業が大正八年三月、私は大正七年三月。そういうふうに私の方が一年先輩なわけなんですが、その次の京都府立第一中学校卒業のところになってみますと、両方とも十二年三月となっていて、これはどういうことであろうかということは、まあ、お察しに任せることに致したいと思います(笑)。

わたくしは実は、東京で生まれまして、その間に京都に来たり、また東京に帰ったりしたんですけれども、小学校の一年の三学期に結局、京都へやって来まして、それからずうっと昭和七年まで京都にいることになりました。ですから、京都弁しゃべろうと思えばしゃべれるんですので、途中から変わるかも知れません。しかし初めはちょっとすべり出しがなかなかうまくいかない。長いあいだのイナーシア〔inertia. 慣性〕がついているもんですから。なぜ京都にいながら東京弁使っているかっていいますと、おふくろが埼玉県生まれで、おやじは長崎生まれで、中学校の頃東京に出て、ずうっと東京にいた。そういうわけで、家庭では東京弁を使っておりました。それで東京弁が出ちゃうわけですから、ひとつご了承いただきたい。

こんなふうに小学校一年の三学期に京都に来まして――いま転校、学校かわるってことはそれほどたいへんなことじゃないんですけど、そのころは転校っていうのはまあ子供にとっちゃたいへんな問題でありまして――、京都に来まして学校に行ってもですね、みんなの言う言葉がわからん、京都言葉がさっぱりわからない。私はたいへん気が小さくて、泣き虫なので、心細くなってよくメソメソ泣いてたことを記憶しているんですけど、しかし小学校の一年生というのには、割合、あんまり意地の悪い子とか、人をいじめるような子もいなかったように思いました。で、私がショボショボ泣いていると、泣いたらあかへん、泣いたらあかへんてなぐさめてくれる。京都人はやさしいというさっきの湯川さんの話があったんですけれど、小学校一年頃からなかなかやさしい子がいたわけです。ですけど、やっぱり心細くて、時々、学校へ行くのがいやになって——今は登校拒否という、そういう病気がはやっているそうですけども(笑)、——私も、たしか二年生の頃でしたか、学校行くのいやだって言い出しまして、朝、学校へ行く時間になると、お腹が痛くなってくる。それで親を困らせて、親からどうして学校へ行くのいやなんだと聞かれました。

それは確か二年生の頃だと思うんですけども、私はお習字が大嫌いで、今でもどこか行ったり、旅行すると色紙なんか持って来られて、なんか書いて下さいっていわれますが、あれは一切勘弁していただくことにしております。ですから今度ここへ参りましても、何か書いてくれなんていう方、まあおいでになるかどうか知りませんけども、おいでになっても、逃げますから、これもご了承願いたいと思います。それで、お習字が大嫌いでして、習字の先生がお前はなんてこんなへんな字を書くっていって文句を言ったので、それで学校へ行くのがいやになった。しかし、そんなこと言っちゃいけないと言って、何とか学校へ行くことは行ったんですけれども、その後、あんまり登校拒否しないで行ってた記憶があるんですが、実はそれにはわけがあったのです。二、三年前か、もっと五、六年前ですか、私の家の古物を出してみましたら、その時の習字が出てまいりました。そして乙の下とか、丙の上とか点がつけてあるのですが、ある時から急に甲の下ぐらいになって、そしてそこに進歩という判が押してある。それでまるがこうやたらにつけてある。それを見てハッと思ったんですが、これは多分、親が私に、学校へ行くのいやだっていう理由を聞いたら、お習字の先生にお前は字が下手だからダメだって言われたからだというわけです。そういうことを親が学校へ行って先生に言ったんじゃないかと思うんです。そこで先生がその次から点を上げまして、もう乙の下なんかつけないで甲の下ぐらい、そしてまるをたくさんつけてくれた。それでおそらく僕も、学校へ行くのがそれほどいやでなくなったんじゃないか(笑)。まあそんなことを記憶しております。

私がその錦林《きんりん》小学校へ行った当時は、あの学校は今は町のまん真中《まんなか》にありますけれども、第一錦林という、ご承知かと思うんですが、平安神宮の裏にある小学校ですね。あの頃は、あの辺が京都の町と田舎の境い目だったらしくて、岡崎、黒谷あたりまでは家がつながっておりますが、吉田山から向こう、黒谷から向こうあたりは全部田んぼで、よくおたまじゃくしなんか取りに行ったりした記憶があるんですけれども、それで錦林小学校の学区というのは非常に広かった。その学区の中には、農村、近郊の農村の子供たち、それからあそこ大学に近いですから、大学の先生の子供たち、それからもちろん商店なんかもあるわけですから、商店の子供たち。そういうふうに非常にバラエティー

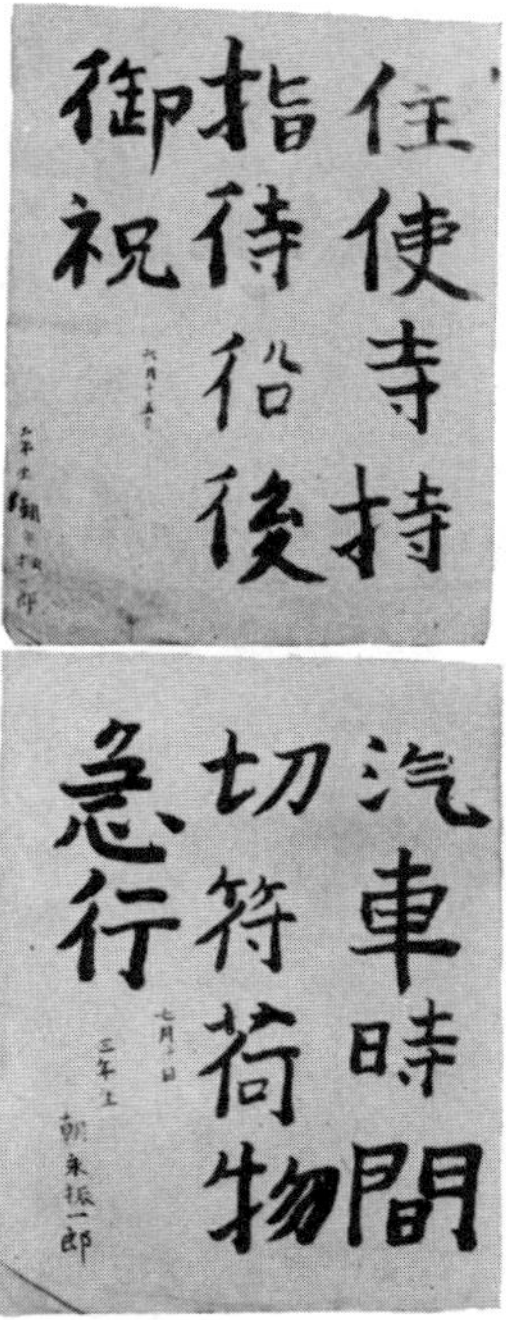

小学校3年のときの習字．上の6月のものには丙の朱印が，下の7月のものには甲の朱印がある．（京都青少年科学センター所蔵）

が多かった。湯川さんの行っておられた京極小学校も、さっきの話伺うとそうだったらしいですけれども、あれよりももっとバラエティーが多かったんじゃないかと思うんです。ですから、農村から来る生徒たち、町の生徒たち、それからこんなこと言っちゃおかしいかも知れませんが、インテリの子供たち、そんなのが一緒になって、勉強したり、遊んだりして、今から考えますと、これたいへん良いことだったというふうに私は思うんです。

もうひとつ非常に良かったことは、学区が広いもんですから、その中にある氏神様の数が非常に多いんです。今はもうそういうことはないんですが、あの頃は氏神様のお祭りの時には小学校がお休みになりました。五月と十月には、もうたいへんにお休みが続くんです。とにかく、学区の中にたくさんの神社があって、その神社のお祭り全部休むんですから、こんなに楽しいことなかったですね(笑)。そういうわけで、小学校で非常に呑気な暮らしをしておりました。ただ、泣き虫のくせはなかなかぬけないで、しょっちゅう、すぐ泣くっていって叱られ、またそれで泣いちゃうという始末でした。

それでも時々、やっぱり学校へ行くのいやだと言って親を困らせたことがあるんですけど、五年生、六年生ぐらいになりますと少し分別ついてきますから、意地悪したり、腕力ふるったりする子供、あんまりそういう子供はだんだんいなくなりますし、その頃になって、六年生にもなってメソメソ泣くのも恰好悪いですし、学校もかなり楽しくなってきた。その頃の受け持ちの先生、五年と六年の受け持ちの先生、この方はもうだいぶ前にお亡くなりになったんですが、この先生が理科教育と体育を受けもたれていたんです。それは非常に熱心な方で、それで体操の話になるんですけども、そのころはまだ洋服を着てるような子供はあんまりいないんで、前だれ、西堀さんとこは前だれだったんですが、前だれの子供とはかまをはいた子供と、半分半分ぐらいでしたかね。そういう和服姿で体操をしてたわけなんですが、僕のクラスだけは、先生がユニフォームを作らせてたんです。ユニフォームといったって、白い木綿のズボンとそれからシャツとじゅばんのあいのこみたいな、そういうのなんです。それから、運動靴なんてありませんから——地下足袋はあったんですけど、地下足袋が少し高いっていうんで——普通の足袋ですね、普通の足袋の底をこう、ぞうきんとか柔道着なんかのように、つまり刺し子ですか、それを家へ帰って母さんに作ってもらえっちゅうわけなんですが、そんなのはかされましたですね。そして帽子取りって遊びがありますね、裏返すと赤になって、表が白、どっちが表だか裏だか知りませんけど、片側が白で片側が赤いやつ、あんなものをかぶってやるやつです。そして普通、小学校じゃ徒手体操ぐらいしかやらなかったのを、馬跳びをやらせたり、こんな木馬ですね、それから鉄棒にぶら下がったり、そういうことをやらされまして、これは私にとっちゃ、たいへんな苦手で、鉄棒にぶら下がることはできるんですけども、そこから後は全然できない。懸垂なんて、いっこう上がらない。それからうまく飛びつくのがたいへんこわく、馬を跳ばされても、よく跳べないんで半分べソかきながらやる。ただその先生にほめられたことがあるんです。それは平安神宮の回りを一周してくるかけっこ、まあマラソンとでもいいますか、それをやらされた時に、ついに落伍しないで帰ってきたもんだから先生にほめられた。これは当たり前なんで、落伍する方がおかしいんですけども。当たり前のことをしても、ほめられると子供ってのはうれしいもんで、まあ、お前は走るのは遅いけれどもよくやったという。大学の先生でも時々、学生をほめてやると、大きな学生でも喜びますからね。ただし上手にほめないと、あいつ、またほめてやがるってなことになっちゃうわけで(笑)。しかし子供は正直ですからうれしいわけです。

それからもうひとつ、理科の方のことなんですけども、物理とか化学とかに関係のあるのは、デモンストレーションを先生がよくやってくれたということです。そして、非常に大規模――大規模っていっても大したことないんですけども――の実験は、雨天体操場にござを敷いて、そして五年生なら五年生――クラスが四組か五組あったと思うんですけど――それを全部、雨天体操場に坐らせて、その真中で僕のクラスの担任の先生が指揮官になって、他のクラスの先生方を手伝わせて実験をやってみせてくれる。私が覚えてますのは酸素、つまり、塩素酸カリに二酸化マンガンを混ぜて熱すると酸素が出るという、酸素の実験ですが、フラスコからガラスの管を出して水を入れた容れものからブクブクブクブクと泡が出てくる。そこで逆さに試験管を立てて、それに酸素を集める。そんな実験を見せる。こういう実験は一クラス一クラスじゃとてもやれないんで、五年生全部を体操場に集めてやる。そしてその酸素の中でいろんな物を燃やして見せる。マッチをフッと吹き消してそれにつけるとパッとまた燃え上る。それから中で鉄の針金を燃やして見せる。線香花火みたいにパッパッパッと燃える。そういうのは非常に強く子供たちの印象に訴えたのじゃないかと思います。それから水素の実験もやって見せてくれました。これは最後にゴム風船に水素を詰めてみんなで運動場へ持ってって、それをパッと飛ばしたんです。そうして子供たちがみんな歓声をあげて喜んだ、というような記憶がございます。そういうわけで、私は理科がたいへん好きになって、それで物理やるようになったのかどうか知りませんが、まあひとつにはやっぱり、さっき湯川さんがおっしゃったように、他にやることがみつからないということとがいっしょになって、そういうことになったと思います。

それから、私は体が弱くてよく学校を休んだことがあるんですけども、そうするとその担任の先生は、休んでたとこを自分の家へ来れば教えてやるからって言われるんです。それで先生の家へいきまして、そこを補充してもらった記憶があります。そこで記憶に残っておりますのは体積の話であって、立体の稜《りょう》ってやつですか、それを半分にすると体積は八分の一になるという、三乗に比例するという話があった時に、先生の家で、先生はおいもを出してきまして、おいもでこういう立方体を作って、そしてそれをこうこうこう切って、どうだ、これは半分だろう。そしてそれをバラバラにすると、サイの目が八つできる。だから体積は八分の一になるんだって……。そんなことが印象に残っております。

まだこういうことならいくらでも思い出すんですけど、まあみなさんがそう興味がおありかどうかわからないんですが、今度は中学校の方へ入りましょうか。中学校へ入りました時に、また私は病気をしました。私の話に病気はつきものなんで、大学まで病気がついて歩いた。湯川さんに時々ひやかされるんだけど、大学の時に——これは大学に一足飛びになりましたけど——、湯川氏にひやかされるのはですね、朝永っちゅうのは試験の前になると病気になると(笑)。これは子供の時の登校拒否症のまあ延長で、試験恐怖症っていわれるかも知れないんですが、そうじゃないんです。本当にお医者さんに診てもらってもちゃんと病気なんです。病気はつきもんなんですが、中学校へ入りまして、入学したとたんに、なんかこう微熱が続きましてね、七度三分とか四分とか、高い時には七度七分ぐらい。それでなんだかわかんないけど、一学期すっかり休みまして、そして、初めて学校へ出ますと、もう一学期経ってますから、他の生徒はみんな英語とかいろいろな学課で先に進んでいる。一番困ったのは英語ですけども、英語で一学期分だけ後を追っかけなきゃいけないっていうんで、たいへん苦労した記憶があります。たまたま私の親戚の、母方の叔父がちょうど私の家に下宿してたもんですから、それに英語の補習を頼みました。ところが一学期休んで、二学期学校へ出てみてしばらくしたら、英語の試験をやるってわけです。その時に先生が、今度の試験はできないに決まっているからできなくってもいいから、とにかく、受けるだけ受けてみろというわけで、それで試験を受けましたが、やっぱり零点に近い点をとった。しかし、どうやらそれは勘定には入れて下さらなかったとみえて、三学期の平均点はそれほど悪くなかった。それで一月ぐらい経って、まあどうやら追いついたんですが、そのころ私は、中学校では予習ということをやるんだということを全然知らなかった。おそらく中学校へ入った時に、英語の先生が、英語の時間は、ちゃんと前に家で字引きを引いて単語帳に単語を書いて予習をして来いと、そういうことをきっと学年のはじめにおっしゃったんだと思いますが、こっちは小学校のつもりですから、予習なんてことをするとは夢にも思わなかった。それで予習していないからさっぱりわからない。わからないっていうか、そういうことをするっていうことさえ知らなかった。それで、その予習というのをやるんだということがわかったのはやっと二学期の終わり頃でした。そういうふうで、何て言いますか、呑気と言えば呑気だったんですけど。

先ほど申しましたように湯川さんよりも僕の方が一年上のクラスにいたわけです。そこで覚えておりますのは、数学の時間に、もう今はお亡くなりになったと思うんですが、岩森弥助って先生いたでしょう、あのデブッとした。あの先生って言ってもみなさんご存じないかと思うんですが、その先生が何か非常に特殊な数学教育を実験的にやったんじゃないかと思うんです。それはどんなことかといいますと、みんな三角定規持って来いというのです。それから分度器ですね。分度器は持って来いと言ったのか、学校の方で貸してくれたのかちょっと記憶がはっきりしないんですけど。紙にいろんな三角をかってに書いて、その角度を測ってたしてみろってわけです。そうすると、内角の和が、つまり実験的に内角を測ってたすと、一八〇度ぴったり出ることもあるし、一八〇度いくらとか一七九度ぐらいとかいろいろ出てきますが、でも大体一八〇度近くが出るんです。そんなことをやらされた。それからまた、このこういう丸い筒のようなものを、いろんな太さのを持ってきて、これを測らせるわけです。そして、この回りを糸で測って、そしてこの直径で糸の長さを割ると、三コンマ一四なにがしってのが出てくる。それをいちいち測定でやらせる。そういうふうな授業が一週間に一回ぐらいあったんです。それからまだそんなのは大したことないっていえるかもしれませんが、いろんな比例の問題ですね。具体的に言いますと――今でもそういうこと学校でやっているかどうか知りませんけども――、三人でやると五日でき上がる仕事を五人でやったら何日でできるかとか、そんな問題があったわけですね。これはグラフで、方眼紙を使って、そのグラフを書いて答えを出すと。まあそういうふうなこと。それからそれをもうちょっと複雑にして、初めの二日間は二人でやり、そこから人数を四人にしたとすると、何日でできるかというような。つまり、途中でこうグラフの傾斜が変わるわけですね、そういうふうな問題。それからまた、運動場へ連れてって、ここから向こうまで何メートルあるか当ててみろってわけです。つまり生徒が目測でいろんなことを言うわけですね、そうすると今度は、それじゃあ、そこを歩いて何歩、足の幅で歩いて測れってんで、目測と歩測をやらせる。そして最後に巻尺持って来て測って、一番実際の数値に近く当てると、まあ、ごほうびはくれなかったんですけど、お前が一番だ、お前が二番だってなことになるわけです。それからその次にですね、向こうにある電信柱の頂上までの角度を測らせて、そして例の三角形の相似ってやつをつかって電信柱の高さがどれだけだか計算してみろって。まあ、そんなことをやる。これが奇妙に印象に残っているんです。これが有益であったか、無益であったか知りませんけども、奇妙に印象に残っています。私が割合理科方面に興味持っていたのはそういう教育が影響したのかもしれませんね。

これ先生への悪口ということになると困るんですけど、ひとつには暗記ものってのが私嫌いでした、歴史とか、地理とかいう。しかし大きくなって、大きくなってっていうか、この頃になって、私は歴史を読むのがたいへん好きになったんですが、つまり歴史というもののありがた味をまだ中学生では、いわんや小学生では、まだわからないっていう点があるんじゃないか。そういう感じがいたします。

鼎談における発言

――さっき、探険家の話が出ましたが、私も探険を一ぺんやろうと思って、結局、やれなかったお話をちょっとつけ加えます。これは、さっき申した理科のたいへん熱心な先生がある時、何の時間でしたかね、自由時間の時ですか、先生は教壇で自分で本を読んでおられる。みんなに算術でもやらしてたんでしょう、きっと。すると先生が、「あっおもしろいことがここに書いてある」って急に言い出したんです。それでみんななんだろうと思ったところが、先生曰《いわ》く、この本にこういうことが書いてある。この京都の東山、だいたい大文字山《だいもんじ》から比叡山にかけては花崗岩《かこうがん》の山であると。そして花崗岩にはウラニウムという物が相当たくさん含まれている。そういうことが書いてあるっていうんです。そして先生がウラニウムというのはどういう物であるか、また放射能とかなんとかいう話、難しいことは言わないんですけども、なんでも暗い所に入れると光る金属だとか、ウラニウムからラジウムというのが採れるんだとか、そんな話をしました。それを聞きまして、われわれの仲間は、こりゃ、ひとつウランを採りに行こうじゃないかっていって、かなづちを持って大文字山の道のない所をのそのそ登って行く約束をして、僕も行くことにしていた。ところが、あいにく、またまたさっきの病気で風邪をひいちゃいまして残念ながらウランの探険には行けなかったんですが、後で、その行った連中の話聞きますと、何か石を見つけちゃ、たたき割って、そしてこうやって光るかどうか見たけども全然なかったと。それで、そのうちにどっかのおっさんが来て、「こら、お前ら何しとるねん、そこで」――やっと京都言葉が出ました(笑)。そういう話がございます。ですからこれも、京都の探険精神を文弱な僕も少しは持っていたという証拠としてご披露申し上げる次第です。

――「繰り込み」理論の話が出ましたから、ちょっと。私は「くりこみ」とひらがなで書く習慣があるんですが、そうしたら、それを書いた校正刷りがきまして、それを見ましたら、「しりごみ」になっているんです。「しりごみ理論」と。つまんないことを申し上げて……。

それから先ほど、科学の実験にあんまり立派な道具を使わせないほうがいいんじゃないかっていうお話がありましたけども、それにうっかり賛成して(京都青少年科学)センターの予算が削られても悪いですから……。ただこういうことは言えるんじゃないかと思います。科学をやるってことは、一つは知的好奇心によるのですね。これは探険にも通じると思うんですけど。知的な好奇心というものが科学をする時に非常に重要な役を果していると思うんです。だから好奇心を麻痺させるようなことはあんまりしないほうがよろしい。好奇心ってのは、あんまりすぐわかることには起こらないんで、やっぱりある程度抵抗があることが必要だと言えるんじゃないか。それで、食欲と同じように、好奇心というのは知的な飢えを感じないと本物にならない。

これは私の経験なんですが、今度の戦争が終戦になりまして、そして学生たちが兵隊から復員してきたり、それからいろいろの工場へ勤労奉仕で動員されていたのが大学に戻ってきた。そういう連中は、戦争中はろくに勉強もできないような状態であったのが、戦後、学園に戻って来て、非常に意欲的に仕事を始めた。これはおそらく彼らが戦争中に非常に知的な飢えを感じていたからじゃないかと思うんです。江崎〔玲於奈〕さんもその頃でしょう。終戦の頃大学を出た連中の中から非常にすぐれた人がたくさん出ております。飢えというのは非常に大事なものじゃないかということを、私それで痛感したんです。ですから、あんまりごちそうぜめにしないほうがいいっていう点もあると思うんですね。私、さっきから時々アメ玉出してしゃぶっているんですけども、こういうことやると、せっかくの晩のお酒がうまくなくなる。飢えを大いに起こさせるように予算を使う、そういうことだと思いますね。

(一九七四年十一月六日、「ノーベル物理学賞受賞三学者故郷京都を語る」講演会での講演、京都国際会館)

今の子どもと昔の子ども

こういう題をつけたが、ほんとうをいうと、この題はほんとうではないので、今の子ども全体と、昔の子ども全体とをくらべて、結論めいたことをいうわけではない。身ぢかにいる今の子どもと、身ぢかにいた昔の子どもとの比較である。だから、主としてうちの子どもおよびその友だちと、昔の自分自身およびその友だちとの間の比較ということになる。

お父さん何かして遊ぼうや、と今の子どもはいう。昔の子どもはこんなことはとてもいえなかった。父親というものは何か権威ある存在で、こわいというほどでなくても、一しょに遊ぶものではなかった。

お父さんとすもうとったら、まるでちょうちん相手にしてるみたいで、まるで力なんてないよ、などと今の子どもはいう。おまえは父さんよりまだ背がひくいな、だらしないな、父さんを追いこせないなんて、というと、背はひくくても力はあるよ、などという。この子は三つか四つごろから、おとなを押しころがすことに興味をもっていて、おとなたちがころんでやると、しきりとよろこんでいたが、今では、ほんとうにころがされるようになった。昔の子どもはこんなことをしなかった。したくてもできなかった。

今の子どもはあんまり泣かない。学校の帰りみち、泣虫小僧が泣きじゃくりながら路をあるいていて、そのうしろから、いじめっ子が三、四人悪態をつきながらついてくる、などという光景は、このごろ見たことがない。昔はそういう光景がよく見られた。というより、そういう目によくあわされた。

今の子どもは学校へ行くのをあまりいやがらない。いじめっ子がいないせいか、学業が昔よりやさしいせいか、修身などという時間がないせいか、あるいはまた先生がしからないせいか、とにかく結構である。

今の子どもはめったに病気をしない。何を食べてもおなかをこわさない。年ごろになっても結核になる心配などあまりしないですむ。これは健康管理のおかげである。

今の子どもはわりあいからだを清潔にする。風呂もあまりいやがらない。もっとも、風呂では遊んでいる方が多いようだが。青ばなたらした子どもなど今は見かけない。よだれくりなど今は全く見つからない。そして、おできだの、くさ、しらくもなども少ない。昔はよくあったものだ。

今の子どもは粉食をいやがらない。米に対するしゅうちゃくが少ないので、体位は向上した。

今の子どもは写真をとられるとき、にこにこしたり、大口あいて笑ったりする。昔は、棒をのんだようにしゃちこばり、男の子は陸軍大将のように威張った顔をし、女の子はいやにすましこんだ。

ところで、昔なかった問題もある。いつも靴をはくので、足が猛烈に臭かったり、子どものくせに水虫ができたりする。子どもの水虫なんて昔はなかった。

こんなのは大したことではないが、こういうことがあった。

友だち数名が共同謀議して、先生に、先生はこういう悪い点がある、と書いた抗議文を送るなどということは、昔絶対に考えられないことであった。今でもこんなことは普通ではなかろうが、現に、全学連の学生でなくて、小学六年の、うちの子どものクラスでのできごとである。しかもこれは女の子のやったこと、まことに女子は養いがたしである。

今の子どもはからだの成長が早く、したがって思春期も早くくるようで、そこで太陽族の心配がある。しかし、案外さらりとしたところもある。わたしもう思春期よ、などと女の子が平気でいう。男の子は男の子で、お母さん、こうがんて何するところか知ってるか、せいしを作るところだよ、などと平気でいっている。いったい何をどう考えているのか、おやじとおふくろは顔を見あわせて苦笑するばかり。

女の子は総じておませであるが、高校二年生が、わたし、おなこうどしようと思うのよ、と言い出したのには驚いた。うちにでいりする若いものの中に、お嫁さんをほしがっているのがいた。こんなことが女子高校生の話題なのであろうか、そんならうちのほうでお嫁にいきたい娘さんを知ってるわ、というようなことで、その人の写真をもらってきてあげようか、などという。

そうかと思うと、その女子高校生たちは、浦島亀太郎氏という人が実在することを電話帳でみつけて、竜宮へ行くみちを教えて下さい、などいういたずら電話をかけたりする。全く、たんげいできないありさまである。

結局今の子どもはおとなをこわがらない、ということらしい。おとなに向ってコンプレクスをもつことが少なく、人おじしないでものが言える。よくラジオなどで、子どもがアナウンサーに答えて、いろんなことを言う放送があるが、少しも人おじしないで、思ったことをそのまま言っているのはほおえましい。しかも、津々浦々みなそうらしい。

これは学校の新教育の成果であろう、といったところが、母親から、それもあるが、家庭で妻の座が向上したことの影響が大きいのよ、といわれた。ということは、逆に夫の座が低下したということで、したがって、子どもは父親を権威と考えなくなり、女の子はのびのびとし、男の子はおとなをこわがらなくなり、などなどと連鎖反応の結果こういうことになったというのである。

なるほどそうかもしれない。

とにかく変ったのである。いい点もあり悪い点もあろうが、そして、総じて子どものがわの得になっていると思われるが、親の方にしても、権威を保つ、などというくたびれる仕事から解放されて、少しぐらいアルコールが入りすぎ、馬鹿なところをみせても、子どもに免疫ができていて、それほど感じもしないらしいのは、何よりありがたいことである。

おたまじゃくし

いまの家を建てるとき、むすこが庭に掘った池は、畳にして一畳半ほどの小さなものだが、春さきにはそこが蟇たちの産卵場所になる。

毎年、二月のすえ三月のはじめごろ、空気が湿気を含んでなま暖かく、何となくもやもやした晩の到来がある。そんなとき夜ふけて聞えてくる内気な声は、蟇たちの歌う恋の歌なのだ。そうして、そんな晩が二晩三晩続いたあとの夜のうちに、黒い点々を芯にした寒天の紐のようなものが池一ぱいに生みつけられる。

そうすると、年に一度しかないこの営みをすませた蟇たちは、ほっとするらしく、もう一度めいめい土にもぐってひと眠りしなおすのであろうか、前夜懐中電灯で見た二十ぴき近くの蟇たちの姿は、朝になってさがしてみても、大部分、もうどこにも見つからない。

透明な紐の中の黒いものは、日がたつにつれ丸い形から奇妙な袋のような形になる。そしてそれらは、はじめのうち身を包む寒天を食べているようだ。しかし、やがて細長い形に育って、三月の終りごろ寒天の紐の外に出てくる。こうして外界に出た黒い生きものは、しばらくは互に身をよせ合ってじっとしている。だが、間もなく明らかにおたまじゃくしの形になり、盛んに泳いで池一ぱいに散らばって行き、その底や壁についた水垢などをなめはじめる。

今年は四月なかばに夏のはじめのような日が何日か続いた。そのため急に水温が上ったせいか、池の中にちぎれちぎれ残っていた寒天の紐が腐ってきて、ドブの中などでよく見るあの汚らしい灰色の垢のようなものが、ぬるぬるとそこいら一ぱいに生えてきた。そして池の水全体もよごれてしまったらしく、前からいたメダカも金魚も苦しげに、特に金魚たちはみな水面であっぷあっぷしはじめた。その上ときどき水底からガスの泡が浮き上り、気のせいか何となくいやなにおいがする。

こうなったからには池の大掃除をしなければならない。しかし、小さいと言っても、池のかいぼりは大仕事なので、なかなか決心がつかないうちに、金魚が一ぴき二ひきと白い腹を見せて水面に浮び上ってしまった。そこで、やっと重い腰を上げたが、そこまで行かねばふみきれないのが、この老人の悪い癖である。

先ず盥《たらい》とバケツを動員して水道の水を入れ、塩素分をぬくために半日おく。次にメダカ、金魚、おたまじゃくしをそこへ移す。それから池の水をすっかり掻い出す。そして底にたまったヘドロをさらい、壁についた水垢を洗いおとす。それがすんだら再び池に新しい水を満たす。最後に、塩素のぬけるのを待って、池にメダカと金魚とおたまじゃくしを戻す。これが作業の段どりである。

池の魚たちとおたまじゃくしをバケツや盥に移す作業は大した労働ではなかった。しかし水を掻い出す仕事は七十歳の老人にはいささか手ごわい。長びしゃくで池の水をバケツに汲みあげ、それを下水のマンホールまで運び、そこからジャーと下に流す、という作業を何十回もくり返さねばならぬ。そういうわけで、水面が二十センチほど下ったあたりで音《ね》を上げ、その日はそれで終了にした。

この作業の過程でわかったことは、おたまじゃくしの数がおよそ数千びきにものぼるということであった。それらのおたまじゃくしは、二つの洗濯盥に移され、そこで楽しげに泳ぎまわっている。メダカと、生残った二ひきの金魚とは、バケツの中で一息ついている。

その翌日、水を二十センチ掻い出したところで考えた。そうだそうだ、数千びきもいるのだから何も惜しがることはない。増えすぎたおたまじゃくしは近所の子どもたちに分けてやろう。それで夕方、画用紙に

「おたまじゃくしあげます。入れものをもってとりにきてください。朝永」

と書き、それを垣ねにぶら下げた。子どもたちはあした学校の行きかえりにそれを見るだろう。そしてその反応はどうであろうか。学校は二時か三時にひけるだろうから、小さなお客さまはそのころからやってくるだろう。

ところが次の日、一番乗りは昼ちょっとすぎにやってきた大きなお客であった。それは表通りの精肉店に通っている小父さんで、言うところによると、彼の家の近所には、こういう小動物のすきな子どもが多ぜいいるので、そいつたちに分けてやるのだそうである。そして彼は持ってきた大きなバケツに千びきほどごっそりと掬い上げて持ち帰った。

二番目のお客は予想どおり三時ごろやって来た。それは一年坊主の子どもたち四人。彼らは盥から獲物を掬うのが面白く、皆でわいわい大さわぎしながら、めいめい百ぴきぐらいずつ持ち帰った。掬うとき地面におちたのを、そのままでは死んでしまってかわ

いそうだと、一ぴき一ぴきつまんでは水に返したりしている気のやさしさ、なかなかわいらしいことである。

その次は、まだ学校へ行っていない隣の女の子と、三人の少し大きな女の子。さすがに女子は男子とちがって大さわぎをしない。こちらで掬ってやると、それでおとなしく引あげて行く。大きい子は木戸を入るとき、お邪魔します、とあいさつするのは感心である。

続いて何人か来て、夕方、男の子が三人やってくる。そして暗くなったころ、女の子が一人やってくる。この子はたいへん几帳面な子らしく、獲物を一ぴき一ぴきたんねんに掬い上げている。感心したのは、みな帰りがけに有難うを忘れないことである。

次の日には都心に用事があるので、留守中のお客様相手を女房にたのんだ。帰ってから報告を聞くと、その日もやはり三時ごろから子どもたちが続々とやってきて、めいめい百ぴきほどずつ持ち帰ったという。だんだん盥の中がさびしくなってくると、池の中にまだ残っているのを見つけ、それを掬い上げると言い出し、そうすると掬うことそのものが面白くなり、わいわい、じゃぶじゃぶの大さわぎ、女房は、誰かが汚い池に落ちたりしないかとはらはらしたという。

お客のなかに人なつこい男の子がいて、坊やのうちはどの辺なの、と女房が聞くと、あそこの何々屋の角をこうまがって、それから、こう行ってこう行ってもよいし、もう一つさきをまがって、こう行ってこう行っても行けるんだよ、などと言い、小母さん、つれてってあげるからぼくのうち見てよ、という。小母さん今ちょっと御用がある、というと、いつすむの、と聞くから、四時ごろ、というと、それじゃそのころむかえに来る、といって帰った。

四時になると、その子はほんとにやってきた。それで女房がついて行くと、その子の家の庭には小さな池があって、クロレラの類で濃い緑色になった水が湛《たた》えられていて、おたまじゃくしはその中に入れてやったという。そして子どもが言うのには、池の中に石を置いて、おたまじゃくしが蛙になったとき上る島を作りたいが、水が緑色で中が見えないので、石を入れるとき、おたまじゃくしがその下敷になってつぶされないか心配だと。何と子どもらしい心配であることよ。

この二日間でおたまじゃくしは大かた売り切れた。ただ最後の百ぴきほどは、足が生えて蛙になるまで残しておくことにし、小さなお客様相手のサービスは、ここに無事終了した。

しかしながら、池の中にはまだ汚い水がそのままになっている。そして、一日二十センチの速度で汲み出すとすれば、全部掻い出すのにあと何日かかるかしら、などと思ってため息をついていると、見かねたむすこが、会社の休日を利用して、あっと思う間に池をからっぽにしてくれた。やはり七十歳の老人は二十代の男にかなわない。

そのあと池には新鮮な水が一ぱいに張られ、そこに魚たちとおたまじゃくしは放たれた。そうすると彼らは、せいせいとした様子で、すき透った水の中を泳いだ。

こんなことがあってから、もう、ひと月になる。池のおたまじゃくしは、その後も順調に育ち、今日見ると、彼らのしっぽのつけ根には小さな後足が生えている。テレビの気象通報は、奄美大島が梅雨に入ったことを報道し、東京の入梅もま近いと言う。そうだとすると、池の中から小さな蛙たちが上陸するのは、東京が梅雨のまっ最中になるころであろうか。

学生気質の今と昔

学生かたぎの今と昔という題をあてがわれたが、この今昔の比較を適正に行なうことはむずかしい。なぜかというと、昔はこちらも学生であったのに、今では教師であって、したがって見る角度が同じにならない。けれども、論文を書くわけではなくて、正月号の随筆のことであるから、あまりむずかしく考えることもあるまいと思って筆をとる。

今の学生は総じて風采がよい。昔は敝衣破帽《へいいはぼう》という趣味が流行していて、あたまの毛はぼうぼうにし、ひげもそらず、きたない着物、やぶれた帽子が学生の特徴になっていた。今ではみんなこざっぱりとしている。昔でも大学の上級になり卒業が近づくと、そんな反社会的な趣味もうすれてきて、見ちがえるような好青年になってくるが、今では始めから終りまでほぼ好青年である。

今の学生は大体において紳士的である。男子学生が女子学生に対して特にそうである。

これは男女共学の大きな成果であろう。昔は合同ハイキングなど夢にも考えられなかったから、女性なんかに用はないといった顔をして、敝衣破帽でうっぷんを晴らしてはみたが、そのくせ毎日の電車で会うメッチェンにひそかな慕情をいだいたりした。

今の学生は歌がうまい。昔の学生は大部分音痴であって、寮歌など原譜どおり歌われたことはなかった。譜のよめる学生などほとんどいないから、歌は耳から耳への伝承でひきつがれていき、したがって時がたつにつれて変調してくる。多くは単純化され、長音階のものはきまって短音階になってしまう。短音階の方が、何となく青春の日の感傷にうったえるのであった。ところが今の学生の音感は正しく、去年の桐葉祭《とういんさい》のときのように、ラジオに出演し、即席に作曲して歌うようなこともできる。これらはたのしく、うれしく、思えば夢のようである。昔ものでアロハ・オエがちゃんと歌えるなどというのは例外である。しかし、時と所かまわず放歌高唱する傍若無人ぶりは、今が昔にかなわない。

今の学生の中に機知とユーモアを解するものを多く見ることはうれしい。テーブルスピーチなど、その点ではなかなか優れたのがある。昔でも寮祭や学園祭などで今と同様、機知あるおもしろい余興や展示などがあったが、スピーチとなると一向おもしろくなかった。昔のスピーチは雄弁を競うのが目的であって、美辞をならべて天下国家を論ずるのであった。そしてしゃべっているうちに、聴衆よりも自分自身が感激してくるのであった。

お酒は今も昔も学生生活になくてはならぬものの一つであるが、酔いかたは同じであろうか。昔は酔うといろいろ悪事を働いたものである。飲み屋から灰皿とか徳利とかをちょろまかしてくる。ある学生は、そんな小さなものはつまらん、火鉢をと思ったが、これは成功せず、座ぶとんでがまんした。帰りみちであちこちの看板をかけかえたり、ポストの上に登って演説したり、そんなことをした。あるいはまた泣き上戸がいて、悲しい悲しい失恋の体験を涙にむせびながら語り、それをもらい泣きしながら慰める友情あついのもいた。今はどうであろうか。残念ながらデータを提供してくれる学生がいないし、先生と一しょに飲むときはこんなことをしない。

昔アルバイトといえば学術論文を書くことであった。今、アルバイトは学資や小づかいをかせぐことであるが、その意味のアルバイトは昔はあまりひろく行なわれていなかった。昔の学生は世間知らずで、今の学生は世故にたけていて、経済観念などかくだんに発達しているそうであるが、これはアルバイトの大きな効果であろうか。

勉強は学生の本職であるが、これについては昔と今のちがいよりも、学生同士間のちがいの方が大きいようだ。いつの世にも教師を驚嘆させるほど勉強熱心なのもおり、また教師をア然とさせるほどの怠けもののもおり、それは人間の本性に根ざす万古不易の現象のようである。ただ、本を読んでいるという点では昔の学生の方が平均において上ではないか。昔は今とちがって、一般教養が学科になかったけれど、たとえば理科の学生でも、哲学や文学の本を読まないと仲間の尊敬が得られないので、わからなくても西田哲学の本を持ちあるいたり、ゲーテやトルストイに感激したり、ドストエフスキーを読んで深刻な顔をしたりした。そして人格の形成とか個我の完成とかがうたわれ、個性の強い人間が尊敬された。そして人生とか恋愛とかを論じ、感激とか熱情、そうかと思うと懐疑とか虚無とか、そういうことばが好んで使われた。

ところが、個性的であれということがおかしな形であらわれた。敝衣破帽も関係あるが、奇行をもてはやし、奇人に人気があるということである。俗習のよしとするところに、わざと外れたことをやる。そんなことに人気があった。しかし考えてみると、今でも実存主義者とか、ビート族とかいうのがあるそうで、これも人間の本性に根ざすところであろうか。

今の学生はなかなか組織作りがうまい。職掌がらゼンガクレンにはいささか閉口であるが、この能力がいろいろの面で善用されれば結構である。ただ組織が個人をおし殺すことのないように願いたい。個我の確立の上にたった組織であってほしい。どんな機械でも不完全な部品で作ったのでは運転しない。これは組織と個人というむずかしい問題であるが、この問題を学生自身の問題として考えていくことはよい体験になるだろう。昔の個人の完成は多くひ弱いもので、学生が一たん社会に出るとともに雲散霧消するか、または卑小なアウトサイダー的なものに終ってしまいがちだった。それは個我が対立物としての組織とともに育てあげられたものではなかったからかもしれない。

いろいろならべてきたが、昔の学生は内向的・思考的、今の学生は外向的・行動的という図式が心にうかぶ。しかし、あまり単純化することは問題であろう。昔でも外に向って大いに行動したグループがあったし、今でも目を内にむけて思いめぐらしている学生もあろう。同一の人間の心の中にさえ、青年時代には、互いに矛盾し相あらそう性向がいくつも共存しているのであって、だからこそ青年は成長していくのである。いわんや、学生全体としてみればいろいろ考えのちがう者がいることは当然であり、またそれは望ましい。また、今と昔をくらべるというような場合には、どうしても目立つ事例だけが取上げられることになる。けれども昔も今も大多数の学生は平凡で、中ぐらい勉強し中ぐらい怠け中ぐらい思考し中ぐらい行動し、また楽しみも悩みも熱情も懐疑も中ぐらいの連中であろう。そして、そういう目だたなかった連中のなかから後に意外な人物が出てくることがよくある。

人類社会という複雑な有機体は、そういういろいろな人間をすべて必要としているのであろう。

武蔵野に住んで

戦争中、三鷹の天文台の方に家内の実家があって、そこに疎開していた。そのころはバスも故障がちであったので都心に出るのに武蔵境の駅までしょっちゅうテクテクあるいた。天文台通りを通ってもみじ山までくると、やっと、あと一息だと思った。今いる家はこのもみじ山の一角にある。

疎開していた天文台のあたりは、武蔵野のおもかげが残っていて、現在のキリスト教大学の裏のあたり、野川にそって一面雑木林がひろがっていて、野川も、そのころは、すきとおった水が流れており、流れが屈曲したところに清冽な水がわき出ていて、そこにはわさび田などがあった。春、雑木の芽が萌え出るころ、林の中のところどころ木を切り開いた空地には春りんどうの青い花がむらがりさき、切株のところには草ぼけの紅い花がさいたりしていた。そして散歩にくるたびにいつかはこんな所に住んでみたいと思った。今のもみじ山の景観は、とてもそれには及ばないが、とにかく、駅まで一息のところでこれだけ木の多い一郭があるのはありがたい。もみじ山だけでなく、近くには、欅《けやき》の大木が何本も残っていて、空気も都心にくらべて明らかによい。その証拠には、庭の木犀《もくせい》が毎年咲いてくれる。木犀は空気のよごれが大きらいで、中央線ぞいで、荻窪より東ではもう花が見られないと聞いている。

ここに引こしてきて、まず四十坪ほどの庭をどうしようかと考えた。むすめは、女の子らしく、チューリップやなにかを植えて、庭を美しい花園にしたいという。むすこたちは花や木を植えるより、ピンポン台をおいて楽しみたいという。家内は洗濯ものや夜具の干し場をたっぷりとりたいという。それに対して、あるじは、もっと風流に、と考える。

そのうちに、新しいすまいのお祝に、といって、知人から庭木がとどいたり、庭石屋に紹介状をもたせてよこしたり、それやこれやで、いつの間にか、女房や子供たちの考えに反して、庭がだんだんと風流になってきた。そして結局、庭の半分はあんたのすきなようにしなさい、その代り残りの半分は女房と子供たちの領分、ということになり、むすめは花だんを作り、やたらに球根をいけたり、種をまいたりし、むすこたちは、ピンポン台をあきらめた代りに、セメントや煉瓦を買いこんで池を作りはじめ、女房は女房で、西部劇に出てくるカウボーイの馬つなぎ棒のような、がんじょうなふとん干しを作り、せっせとふとんを干しはじめた。

風流な庭とはどんなものかというと、まず、石を組んで岩間を流れる渓流を模し、それにつらなって高原の青野をかたどり、その青野の窪地を、あるかなきかのほそい流れが草の間をかきわけて流れ、それから、それが少し開いた小石の河原の上にひろがり、そして、再び岩の間にせばまって渓流につながっていく、といった風情。そして、青野には、春は、カタクリの花からはじまって、スミレ、イカリ草、クロユリなどが咲き、初夏から夏にかけては、水辺のアヤメからはじまって、ユリ、カンゾウ、キキョウ、ナデシコ、秋に入ると、オミナエシ、ワレモコウやハギなどが咲きみだれ、岩間の渓流のほとりでは、春はヒトリシズカ、エビネなど、夏にはクリンソウ、ササユリなど、それから秋に入ると、ホトトギスなどが咲く、そういったぐあいのものである。但し、ほんとうに水が流れているのではなくて、水が流れているつもりだけのもので、こう、あつらえむきの風景にこの庭が見えるためには、見る人の大きな想像力を必要とする、そういうたぐいのものである。

この春、知人の、やはり庭道楽の紳士が、小鳥のえさばこを作ってもってきてくれた。そこで、それを庭の片すみの梅の木にとりつけ、ごはんの残りなどを入れておく。そうすると、雀や、ときには、きじばとなどもやってくる。肉だのさかなの残りだのを入れておくと、尾長もやってくる。いつか、二、三年前の秋、実がなると、おむかいの柿の木にむくどりがやってくるのがうらやましく、柿を買ってきて、この梅の木にぶらさげてみたが、鳥たちは見むきもせず、近所のごいんきょさんに、ほほう、梅の木に柿がなりましたな、とひやかされたことを思い出した。こんどはそのごいんきょが、お宅の鳥のえさばこにたくさんの鳥がくるようで、ちょっと見せてください、とやってきた。

この梅の木の下には、ときどき、近くのきじ猫がひそんでいる。あどけない顔の、まだ若いおす猫だが、もったいぶって、ぬき足さし足でやってきて、植えこみの中にかくれていて、鳥どものくるのを待っている。しかし尾長はちゃんとそれを見ぬいていて、梢から下を見おろしながら、ギャーギャーと鳴きたてる。ときには五、六羽集まって猫の頭上でデモをやり、猫を閉口させる。

こんなことに味をしめて、もう一つえさ台を作ってみた。少し縁に近すぎて鳥どもは警戒し、なかなかよりつかなかったが、冬、雪がふるようになると、そこにおいたリンゴに誘われてひよやむくどもが来るようになった。むくどりはいつも一つがいでリンゴをつついている。ひよどりは一羽ずつ、一つがたべているときほかのは近くの木の枝で待っている。尾長は五、六羽一度にむらがってリンゴをたべている。鳥それぞれにいろいろなやりかたがきまっているようだ。

この庭を生活の場とする小動物たち、それは、猫や鳥たちのほか、蝶々やとんぼ、とかげ、かなへび、みみず、おけら、こおろぎ、蟻んこ、それに、山もりの土だけでまだ姿は見ていないが、もぐらもち、それら、われらと共に住む生きとし生けるものたちすべての上に幸あれ、などと考えながら、庭の光景をみていたら、先日は、玄関わきのすもも の木に、アメリカシロヒトリの一群が発生して、みる間に木を丸坊主にしてしまった。こうなると、生きとし生けるものの上に幸あれ、などと言っているわけにもいかず、消毒屋さんをよんできて殲滅《せんめつ》してしまった。あわれ、おまえたち、こんど生まれかわるときは、こんりんざい、毛むしなどになってくるなよ。

武蔵野にすみついてしまうと、勝手なようだが、武蔵野がこれ以上にひらけないことを願っている。自分がその魅力に引かれてやってきて、ほかの人に来てほしくないとは言えないけれど、やはり武蔵野は武蔵野のふんいきを持ちつづけてこそ魅力がある。多くの人たちが、気もちのよい土地を求めて、おのがじし、家族を引つれ、そこに住みつくのはよいことだが、どうか、そのために、アメリカシロヒトリの群が木を坊主にしたように、武蔵野から緑をうばいさることのないようにと願っている。

学ぶ

好奇心について

精神的な好奇心

私、朝永です。椅子が用意されていますので、坐ってしゃべらせていただきます。

実は、この大会が福岡県で開催されたとき(昭和四十四年)に、私に講演をしてほしいという依頼がございまして、お受けしたのです。ところが、大会の直前に風邪を引いて、約束を果すことができませんで、たいへん申しわけなく思っておりました。

そこで、今度、東京でこの大会が行なわれるというので、きょうは失礼したときの借りをお返しするつもりでやってまいりました。

講演の題を「好奇心について」とつけましたが、どういう順序でお話をしたらよいか、実はまだ考えていないのです。とにかく私がこの大会に出てみようかなという気持を起したのも、つまり、私の好奇心でして、またおそらく皆さんも、朝永は何をしゃべるだろうかという好奇心でここに出席しておられる方々が、相当いらっしゃるのではないかと思います。果して、皆さん方の好奇心を満足させることができますかどうか、あまり自信はありませんが、一時間ほど、お話をさせていただきたいと思います。

「好奇心」ということばの意味ですが、これにはいろいろなのがあります。辞書を引くと、「奇心」とあり、これは読んで字のごとくですが、「奇を好む」というのはあまりいい意味ではなさそうで、つまり「奇妙なことを好む」というのですから。また、「詮索好き」というか、「物ごとを詮索するのが好きだ」という意味もあるようです。つまり、物ごとをただ普通に見たのでは満足できなくて、いろいろと詮索するというのです。

しかし詮索の対象が何であるかということで、いいことにも悪いことにもなる。他人のプライバシーを侵すような詮索はやってはいけないでしょう。

しかし、私は自然科学を商売にしていますが、考えてみますと、この科学の基本には、やはり、物ごとを詮索したいという気持があります。「好奇心」について、英語の辞書を引いてみましたら、もう少しいい意味がみつかりました。つまり、「精密あるいは精緻を好む」という意味もあるらしいのです。これは「いい加減なことではなかなか満足しない」ということです。

私は以前、学校の教師をしておりましたが、そのとき外国へ留学したいという学生がときどきいるのです。そうしますと、推薦状を書かされる。まあ、推薦状というよりも、reference といった方がいいかと思いますが、つまり、学生がどのぐらい能力があるか、どういう性格かということを書く。いろいろ文章で書くのもありますけれど、現在の学校の成績のように1から5というのがありまして、たとえば、創造性が1であるとか5であるとか、それから持続性が3であるとか5であるとか、また、判断力はどういう数字であるかなどいろいろあります。その中に、Mental Curiosity という項目があるのを、私は非常におもしろく思ったのです。つまり、Mental Curiosity「精神的な好奇心」、それが1から5までのどれぐらいであるかというのです。ご承知のように1・2・3・4・5で評価するというのは、たいへんむずかしいことで、特に「精神的好奇心」という、非常に抽象的なものを数量化するというのは、たいへんむずかしい。

しかしとにかく、そういう項目が研究者として適性があるかないかということの、ひとつの基準になっていること、これはたいへんおもしろいと思ったわけです。そういう知的、あるいは精神的に物ごとを詮索したいという気持、しかも、それを精密に、精緻に、どこまでも追求したいということ、そういう気持の強さということが、科学者としてのひとつの適性の基準になっている。そういう意味で、この「好奇心」は、少なくとも科学という、人間精神の重要な営みに対して、ひとつの大きな原動力になっているのではないかという感じがするのです。しかもこの精神的な好奇心は、人間だれでもが生まれながらに持っているきわめて人間的なものなのです。

といいますのは、子どものいったりすることを見ればわかるように、赤ん坊のときから、彼らは非常に強い好奇心をもっています。しかも、子どもたちが示す好奇心の中には、科学の芽ばえになるようなものが確かに存在している。例えば、自分の子どもの話で恐縮なんですが、私の子どもがやっと這うようになったとき、母親が台所で仕事をしていると、その後を追って這って台所までやってくるということをやっていましたが、そのうち台所に置いてあるスリッパをみつけ、これに非常に好奇心を示したのです。で、スリッパを手に取って、まだ歩けませんから台所を這って、台所の上《あが》り框《がまち》までいって、それを下へぽとんと落す、ということをやり出しまして、これに非常に興味を持ったらしく、しばらくの間は台所へ行くと必ずスリッパを上り框から下へ落すのです。この行動は、つまり手を離すと物が下へ落ちるという現象に非常に興味を示したことなのです。

だいたい、子どもの遊びというものは、彼らの好奇心が非常に大きな動機になっているといってよいと思いますが、いま申しました物が落ちることに興味を持つということ、これは注目すべきことです。子どもはこれをただおもしろいだけでやっているのでしょうけれど、考えてみますと、自然科学者がいろいろな自然現象に興味をもって、それを観察し、そして、その中から自然法則というものを見つけてこようとすること、これはまさに、スリッパを高いところから落して喜んでいることに非常に通じるものがあると思うのです。現に、イギリスのブラッケットという学者が、科学とは何かについて、ある宴会のテーブル・スピーチで、一言でずばりいったのです、「科学とは、国の金を使って科学者が好奇心を満たすことである」と。テーブル・スピーチですから半分冗談だとしても、そのいっていることは、八分どおり科学の本質をずばりいっているのではないかという感じがするのです。以前、この話をある所でしましたら、後から私の所へ手紙がきまして、「けしからん、科学者は独善だ。国の金を使って自分の好奇心を満足させ、そして科学とはこういうものだなんていうのはけしからん」というのです。たしかに科学者の好奇心といってもいろいろとあって、つまらない好奇心もあるわけで、そういうものに国の金を使ったのでは、これはたいへん申しわけないのですが、自然法則を見つけよう、あるいは自然現象の中にある隠れた脈絡をなんとかして見つけ出そうという好奇心、これはやはり人間の本能に根ざしている、人間のもっとも人間らしい行為のひとつであると、私は考えたいのです。

科学の基礎になる好奇心

そういうわけで、ここにお集まりのみなさんは、教育に従事されている方々なので、私が申し上げなくともご存じだと思いますが、子どもの好奇心を、つまらない好奇心から意味のある次元の高い好奇心に導いていくということ、私は、これが科学教育のひとつの基本的な考え方ではないかと思うのです。這っている子どもがスリッパが落ちるということに興味を持つ時期から、もう少し大きくなりますと、かなり高度な自然現象を、ただおもしろがっているだけでなくて、子どもなりに科学者がしているのに似たような見方をするようになります。ひとつの例で申し上げますと、五歳ぐらいの、小学校に入る前の子どもですが、台風がきて風が強く吹いて、そして私の家の(こういいますと、自分の子どもの話だなと思われて、思わず馬脚をあらわしますが)前の木が非常にゆれている。それを一生けんめい見ていた子どもが、突然「日本中の木を全部切ったら、風が吹かなくなるね」といったのです。どういうつもりでこういうことをいったかよくわかりませんが、大人のこじつけで考えてみますと、子どもは木が動くから風が吹くと考えたのではないかと思われるのです。そう考えますと、「木を切ってしまったら風が吹かなくなる」という判断が非常に論理的に出てくる。この子は台風がくる前の夏の暑い日に、汗をいっぱいかいているとだれかがうちわであおいでくれた、それで自分もうちわを使ってみると涼しい風が当って気持がいいという印象を持ったことがある。おそらくその記憶が残っていて、うちわを揺さぶると風が吹くという過去の経験と、風が吹いて木が揺れているという経験との間に、ひとつの共通点を——つまり、先ほど申しました脈絡をつけようという気持で、うちわが動いて風が吹いたのと同じように、木が動いて大風が吹くと、そういう判断をしたのではないかと思うのです。

このように、二つの異なった経験の間の類似点を拾い出して、そして初めの経験から後の経験の解釈をするということは、自然科学者が常にやっていることなのです。みなさんは、幼ない子どもたちと常に接触していられると思いますが、よく子どもたちのいうこと、することの中から、いま申しましたように、子どもの中に科学的な考え方の芽ばえがあるということに気がつかれることがあるのではないかと思います。好奇心というのが、ただ物ごとそのものをおもしろがるというのではなく、さらにその中から異なる現象、あるいは異なる経験の間に共通点を見出して喜ぶというところまでいけば、これはひとつの科学の思考形式になるわけです。子どもの考えの中には、そういう芽ばえがすでにあるのです。いまの台風の話はあまりにもうまくできすぎていて、それはお前がうがった解釈をしているんだろう、子どもはそんなことを考えるはずがない、といわれればそうかも知れません。しかし、私の解釈が間違っているにしろ、「木を切ったら風が吹かなくなるね」といったのは事実でして、この考え方の、「何々したら何々になる」という思考の形式、そういう考え方を子どもがしているという事実——その裏に、うちわであおいだ経験が大きな意味を持ったかどうかは別として、何々であるから何々であるという考え方——、そういう考え方を子どもが非常に小さい時からやる。このことが重要な点なのです。そして、こういうことが、私のいう好奇心という意味だと考えていただくならば、好奇心は科学の非常に重要な基礎になっているということがわかっていただけるのではないかと思うのです。

私は、子どもの教育については、まったくの素人です。しかしこの三日間、みなさんが集まって研究されました視聴覚教育というものも、おそらく子どもの好奇心を適正に満たしてやる、満たすというよりも刺激してやるということが、大きな狙いなのではないかと、私なりに理解しているわけです。

知的好奇心の減退をふせぐ

好奇心は、人間の精神、物の考え方の構造として、生まれながらにあるわけですが、これをどうすれば満足させることができるか、あるいはどうすれば刺激することができるか、そういうことが、子どもの教育に限らず、私は大学の教師をしていましたので、大学生の教育をする場合にもやはり大事なことではないかと思うのです。

私が大学で教育して、果してどれぐらいの実を上げたか、みなさんの前で何も誇示するだけのものを持っていません。けれどもとにかく、好奇心を持たない生徒、学生は、これはいくら教師が一生懸命つぎ込もうと思っても、無駄なのではないかという感じがするのです。そして、そのときに救いになるのは、好奇心というのは人間の生まれながらに持っている傾向であるということです。しかも、これは非常に根強い傾向ではないかと思うのです。子どもが大人に向って、いろいろなことを「なぜ」とか「どうして」とか聞く、ああいう欲望です。「なぜ」ということを知りたい。あるいは「どうして」

ということを知りたい。そういう子どもの質問の中には、ごくつまらないものもたくさんある。あるいは、質問になっていないようなもの、答えても意味のないような問いがたくさんあるわけですが、しかし、いろいろな問いを出すことは、やはり子どもに知的な好奇心があることを意味するのだと思います。

ところで、この好奇心を、どういうふうに刺激するかという問題、刺激するというより、持って生まれた好奇心を鈍らせないのにはどうしたらよいか、といった方がいいと思いますが、そういうことが教育の中心的な問題になると思うのです。これも、私よりも、教育者であるみなさんの方が、はるかに痛切に感じて、考えておられると思いますが。このとき好奇心という言葉の意味をまちがえると、とんでもないことになります。この言葉の意味は英語でいうと curiosity というのですが、ドイツ語の字引きを引くとノイギーリッヒ(neugierig)というのが出てきます。ノイ(neu)というのは、英語の new「新しい」です。ギーリッヒ(gierig)というのは「貪欲に求める」ということで、つまり「新しいことを欲する」という、そういう欲望です。英語の curiosity には、最初に申しましたように、「詮索好き」あるいはもっといい意味で「精密・精緻を追求する」という意味がありますが、ドイツ語の neugierig という言葉は、あまりいい意味ではないらしく、「新し物好き」という意味があるのです。

しかしもうひとつドイツ語にヴィッセンスドルスティッヒ(wissensdurstig)という言葉があるのです。つまり、「知識に飢えている」という意味です。ドルスティッヒ(durstig)という言葉は、「喉がかわいた」という意味で、英語に直訳するとthirsty for knowledge「知識に対する渇き」です。そういうわけで、ある程度、飢えた状態にしておかないと、食欲と同じで、知識欲、あるいは知的な好奇心が出てこないということを、ドルスティッヒ(durstig)は表わしているのです。日本語の好奇心は、そういう意味がはっきり出ていません。

そういう意味で、好奇心を減少させないためには、ある程度間食をさせないことが必要になります。間食で菓子のような、つまらないものをいつも食べさせていると、本当に栄養のあるものが食べたくなくなる、ということがいえると思います。そういう意味で、学校教育の場で、あまり無理強いすることは、大事な知的好奇心を減退させる原因になるのではないかと、私は思うのです。

情報過多の中での好奇心

いまの世の中は、情報化時代というのだそうですけれど、非常に情報量が多い。われわれは、とにかくこの情報の波に巻き込まれてしまう。実際、私の専門の物理学においても、研究の発表が昔と比較すると非常に多くなっています。そういう意味で、私などはときどき、mental curiosity を満たす前にうんざりしてしまう。つまり、知的な渇きというものが、本当に味わえないような世の中になっているような感じがします。特に自然科学を例にとりますと、現在の人間のいろいろな営みの中で、科学の比重が非常に大きくなっています。そしてその比重がどういうふうに増えていくかというのを、実証的に調べた人がいるのです。この人はどういう調べ方をしたかというと、二つの調べ方をしている。ひとつは科学者、つまり、科学の研究を職業にしている人たちの数、これがどういうふうに増えているか。もうひとつは、その人たちの研究論文の数、これがどのように増えているかということ。もちろん、科学者の数についていえば、科学者の中にも非常にすぐれた人もいますし、あまりすぐれていない人もいる。論文でも、非常に重要な大発見という論文もあるし、つまらない論文もある。しかし、目安はその数で、数量化すればひとつの指標になるということです。その結果、科学論文の数というのは、ニュートンの時代から第二次世界大戦の前頃まで、十年間ごとに約二倍になっているという結果をみつけました。十年間に二倍になるというのは、人口の増加に比べると、はるかに多いわけです。そういうことから、科学というものの比重が人間の社会で非常に大きくなっていることがわかる。これが戦後は、もっとはなはだしくなってきているはずです。

このようなわけで、現在、科学の比重の増大につれ、科学に関する情報の量もおびただしいものになってきた。しかも、その膨大な情報が、ことごとく価値のあるものとは必ずしもいえないので、あまり価値のないものもたくさんあるわけです。ですから、ここで情報の選択が必要になってくる。つまらない論文と、つまらなくない論文、つまり意味のあるものと、意味のないものとをよく見きわめなくてはいけない。そうしませんと、くだらない間食をして、食欲がなくなってしまって、肝心の栄養のあるものが食べられなくなってしまうことになる。こういうわけで、情報の洪水の中で、やはり、その中から栄養になるものと、そうでないもの、ただお腹を張らすだけのものと、よく見きわめる必要が、われわれの中でも起っているわけです。これは、たいへんむずかしいことですが、これをやらなければ、本当の意味の知的好奇心というものは、出てこない。つまり食欲がない状態になってしまうわけです。

教育の方面では、現在、詰め込み教育に対する批判がいろいろと出ています。しかし、いまのこの複雑な社会では、ある意味で、昔よりもたくさんの知識が要求されることも事実でしょう。しかしつまらない知識の間食いで知的な飢えをなくさないためには、知識を整理しなければならない。そういうむずかしい問題に、みなさんは直面しておられると思うのです。私が大学生と一緒にくらしてみて、ひとつ感じることは、非常に情報過多の世界の中で、彼らは情報を得るのにたいへん熱心だということです。そこまではいいのですが、それでもうお腹が一杯になってしまって、本当に自分の知的な要求がどこにあるのか、わからなくなってしまう傾向がある。こういう事態のもとで教師の役目は、情報を与えることよりもむしろはんらんする情報の中から本質的なものを選び、その他のものは相手にしない、そういう能力を学生に与えることではないでしょうか。つまり学生たちに知的な好奇心を大事にして、つまらない間食いなどしないような知恵を与えることではないでしょうか。

この「知的な好奇心を大事にしなさい」というときに、好奇心と似た言葉ですが、似て非なることばがあること、その区別をはっきりさせる必要があります。それは、いわゆる「野次馬」というもので、大きな好奇心の持ち主だと思うのですが、はなはだ付和雷同性がある。大勢の人がやるから俺もやろうという、そういう軽薄性がある。そこには、私のいう好奇心の中にあった、「徹底的に精密にかつ精緻に追求する」という気持がないわけです。そういう、他の人がやるから、自分もやるという野次馬的な態度が好奇心と混同されている。どうも現在の人びとの中にそういう混乱があるような印象を受けるわけです。この好奇心と似て非なる傾向は、いまの情報過多に拍車をかけることになります。先ほど、学術論文が非常にたくさんになったといいましたが、これは必ずしも、研究そのものが多様化した結果ではなくて、いろいろな人が、人もやるからじっとしていられないということで、みんな同じことを同じようにやっている結果なのです。そしてそれが、多すぎる情報のもとになり、健康な知的好奇心の邪魔になるということがあるのです。

そういうわけで、現在の科学の研究面では、昔なかった困難のひとつとして、情報過多によって本当の意味での知的好奇心の麻痺が起ってくるという点がある。そこでそれをどうしたらよいか、という問題があるわけです。視聴覚教育の場合にも、同じような問題があるのではないか、また、いまはなくても、うっかりすると今後出てくるのではないかと思うのです。

知的な飢えを与えるために

視聴覚を利用する教育というのは、非常に能率のよい、あるいは教育の手段として非常にいいということは、確かだと思うのです。しかし一方、現在の社会全体が視聴覚過多、つまり、テレビ、ラジオがいろいろな方面で使われていて、たくさんのチャンネルから、毎日、朝六時頃から夜の十二時頃まで放送されている。こういう事態について、私は年寄りのせいか、疑問を感ぜざるを得ないのです。それは、こんなにたくさんのチャンネルを作る必要がはたしてあるのだろうか、という疑問です。それがかえって、いわゆるテレビっ子を作ってしまって、知的な飢えを間食で減退させているという傾向が出てくる、あるいは、すでに出ているのではないかと思うのです。その解決策としては、強権を発動させて、テレビのチャンネル数を減らす、そういうことができるのかどうかわかりませんが、とにかく視聴覚教育を真に有効にするためには、はなはだ逆説的ですが、視聴覚過多を少なくすることだと、皆さんに訴えたいのです。

逆説を申し上げましたから、ついでに飢えというものが成長にいかに有効であるかという逆説を申し上げて話を終りたいと思います。自分の専門のことを申し上げて恐縮ですが、日本の物理学が、第二次世界大戦の後、非常に急速なレベルで上ったことを外国人が驚いて、いったいどういう教育が日本で行なわれたかと聞かれるのです。外国人が驚いても、別にどうということはないのですが、その原因は、戦争が終って、学生たちが帰ってきたときのことを思い出してみますとよくわかるのです。彼らは、戦争中に徴用されたり、あるいは軍隊でいろいろなことをやらされて、知的な飢えを満たすことは、ほとんど不可能だったわけです。それが、戦争が終って帰ってきて、知的な飢えを満たそうと――学生ばかりでなく、一般の人もそうだと思うのですが――、それぞれ自分の職場、自分の郷土、自分の学校で、日本を文化的な国にしたいという考えからか、あるいは、戦争中抑圧されていた解放感からか、とにかくすさまじいエネルギーがあった。私の周囲の学生たちも、その頃は非常な意欲をもって勉強してくれたことを、いまでもはっきり記憶しているのです。これは、やはり知的な飢えということが非常に大事な要素になっていたと、私の経験からは考えざるを得ないのです。

時間がきましたので、このへんで終らせていただきますが、ひとつみなさんがたにも、どうすれば生徒たちをして、そのような知識の健康な飢えを感じさせることができるか――ともすれば、つまらない知識の間食で満たされ、本当の食欲がなくなってしまうという傾向を、どうすればとりのぞくことができるかということを、みなさんに考えていただきたいのです。「好奇心」という題を選んだ理由もそこにあるのです。ここに、せっかく機械(OHP)を用意していただき、好奇心から使ってみようと思っていたのですが、椅子に坐ってしゃべったのが運のつきで、立つのが面倒くさくなってしまい、使えませんでした。

ご清聴、ありがとうございました。

(一九七二年十一月十七日、視聴覚教育合同全国大会での記念講演)

物理学あれやこれや

朝永でございます。私がドイツに留学している頃(昭和十二―十四年)に、京大の電気工学の教授岡田辰三先生もドイツにお見えになり、しばらく私の住んでいた所でご一緒にいました関係から、京都に来て話をしろ、そして能率協会でもしゃべってくれとのことで参りました。実は発明協会での話が「物理学あれこれ」という題で、同じ話をしては申しわけないので少し題をかえて「や」の字を入れて「物理学あれやこれや」といたしましたが、どんなお話をしてよいのかまだ迷っています。

私は京都には御縁があって、小学校一年から大学を出るまで京都に育ちましたので、半分ほど京都人で、しゃべる時も普通なら標準語が出てくるのが、京都の方々と一杯飲んでしゃべる時には京都弁が出てくるのです。今日は少し生酔いで両方がこんがらがっておかしなことになるのではと案じています。

京大で物理学をやり、昭和四年に大学を出て、七年に東京の理化学研究所の仁科芳雄先生の研究室で先生のお手伝いをすることになりましたので、その頃の思い出あたりからお話を始めようと思います。仁科先生は東大の電気工学をお出になったのでエンジニアになるおつもりだったらしいのですが、その後、物理学に転向され、それも純粋物理を専攻して、大正末期にヨーロッパに留学して七年間おられたという方です。

その頃、ヨーロッパで新しい理論が発見されました。物理学上大変大きなことですが、原子の内部をどんな物理法則が支配しているかという問題です。もちろんニュートンの力学とかマックスウェルの電磁気学とかいろいろありますが、原子の中では、もっと別な法則があるのだということはかなり前からわかっていたのですが、それがどんなものかというのがわかったのが大正十五年です。当時ヨーロッパにおられた仁科先生は、原子の中の問題を専門におやりになった日本ではおそらく最初の方だったろうと思います。日本に帰られ、昭和六年に独立した研究室を理化学研究所の中にお作りになるということで、私がそのお手伝いをすることになったわけです。

昭和六―八年は、ヨーロッパでは非常に重要な発見のあった年で、原子力の方で有名な中性子の発見、普通の水素の二倍の重さのある重水素の発見、電子にプラス電気を持つものがあるという発見(陽電子と名付けられた)、もう一つは加速器という機械の発明で、いろんな粒子を非常な速さで走らせる機械ですが、それで原子核をこわす実験が初めて成功したという、そういう画期的な発見や発明がありました。そんな情報が入ってくるので理化学研究所でいろんな実験をしていた人たちは非常に興奮したものです。

それまで理研で研究していたのは、原子核の中の話でなくもっと外側のことで、やはり日本ではそろそろ核の中の実験を始めるべきではなかろうかと、理研の人々も考えるようになってきたのです。イギリスで発明された加速器の、金がかからず使える装置を日本でも作ろうじゃないかとの空気がでてきました。加速器に関する報告が、イギリスのある物理学の専門雑誌に出たのを、皆が集まって読んで討論した情況を今も覚えていますが、電気的な回路の問題ですね。大体八〇万ボルトの直流電圧を作ろうという装置なんですが、こういう電圧を直流で作ることは当時としては非常に難しいことで――ご承知のように、トランスを使うと、交流であれば電圧を八〇―一〇〇万ボルトにするのはわけないのですが――、それに成功したのです。今までうまくいかなかったのが出来たというこのイギリスの論文を理研の人たちが見ると、電気の回路を実にうまく使っているので皆で感心しました。

電気回路だけの問題でなく、加速した粒子を原子核にぶつけてこわす場合に真空の中でやらなければならない、空気があるとせっかく加速されても、空気の抵抗で止ってしまいます。水銀整流器という、交流を直流にする程度のものは日本でも出来たのですが、加速器に使う真空管は高さ一メートルほどの長さのガラスの筒を、三、四個積上げた程度の大きさの中の空気を抜かなければならないということで、それをイギリスでやってのけたということは日本人にとって驚くべきことです。真空の程度の非常に高いものが要求されるのですが、当時空気を抜くポンプが日本になかったのです。イギリスで使ったのはオイル・ディフュージョン・ポンプという、油を使って真空度を高くする装置です。日本の物理学者には初めて聞くものです。

もう一つは、今言いましたガラスの筒を三つほどつなぐその継ぎ目から空気が入る心配があるが、どうしてうまくつなぐかという技術が大変難しいことで、普通の電球のようにガラスで封じこめるのならかなり高い真空が得られるのですが、継ぎ目があるままで真空にする問題は、記録を読んだのじゃなかなかわからない。継ぎ目にグリスかワックスのようなものをくっつけて真空にするらしいのですが、その正体がわからないで、いろいろやっていたのを記憶しています。

それで日本でもやれそうだということになったのですが、始めてみるといろいろ困難がありました。そういう真空のガラスの筒をどんな所で作ってくれるか、注文通りの物を作ってくれるメーカーがない。研究所の連中がいちいち工場へ行って一緒になって作り、その性能をテストするまで物理学者が自分でやらなければいけない。メーカーもたくさん作っても売れるわけじゃないのに、だんだん興味をもって作ってくれるようになりました。

特に日本のインダストリーのレベルが非常に低かった当時には、いろんな苦労があったのです。例えば、ガイガー・カウンターはご承知でしょうが、今は出来合いがたくさんあり、作ることもそう難しくはないのですが、当時あれを日本で作るには非常な苦労で、理研でも手作りでやっていたのですがなかなか理屈通り動いてくれない。手作りですから一つ一つ性能が違うのです。ガイガー計数管というのは、金属の筒の中に細い繊維が入っていて、初めは空気が入っていたのですが、空気には酸素と水素の他に微量なものが入っており、そういうものは成分が複雑で、しかも中に湿気があり、それもしょっちゅう変っているのです。中の空気の水蒸気の多少で、微妙な機械ですから性能が変るのも当然です。

これはやはり秘伝のようなものがあるのですね。物理学なんてものは、理屈通りに指定通りの作り方をすればうまくいくはずなんですが、そこへ行くまでの間に秘伝のようなものがあるようです。

この頃の日本の物理学の実験のための機械作りは、いろんなご苦労もあるのですが、インダストリーのレベルの違いによるいろんな障害は、今ではほとんどなくなっていると言えると思います。もちろん物理学の分野にもいろいろあって、すべての分野でそうだとは言えないのですが、少なくとも加速器を作るというような分野では、むしろ日本にいいものが出来るということです。

こちらに来る少し前に、当時いろんな物理学の研究をしていた連中が集まり、思い出話をしたのですが、皆が感慨深くしたのは当時非常な苦労をしたことで、無駄なこともしたが無駄もやらねばものにならない、機械の設計でもいろんな間違ったことをしたりしてなどと……。後から追いかけて前に追付くのは大変な仕事なんです。

＊

次は少し話を変えまして、物理学が日本に入って来た時に、日本人がどういうふうに反応したかという話をしてみたいと思います。

ご承知のように徳川時代には、西洋の本を自由に読めないということがかなり長く続きました。種子島にポルトガル人が流れ着いたという話があります。織田信長の頃で鉄砲を持って来たのですが、キリスト教も来た。ポルトガル人が熱心に布教をしたヤソ会(イエズス会)は自然科学を大事にする方の連中です。当時プロテスタントとカトリックの間に争いがあり、ローマを中心とするカトリックの方はむしろ科学を敵——時期によりいろいろ変るのですが——のように考えていました。

種子島に鉄砲が来た同じ年にコペルニクスが地動説を発表しているのです。もちろんその前から地動説の考え方はあったのですが、教会からは異端の説であると見られ、またその反論もあったのです。ですから日本に来たヤソ会の連中も、コペルニクスが地動説を発表したというだけではまだ西洋の通説にはならない。しかし少なくとも天動説の天文学は宣教師が持って来た。これはヤソ会の連中が、医学を含めたいろいろな科学的な事実は、布教には最も有効であり、宣教師が持って来たのは地動説とまではいかない天動説なんですが、非常に精密な星の観測に基づいた知識を持ち込んだ。日本人が西洋人の考え方、天体の考え方に接したのはその時が始まりだと言えると思います。特に日本人が全然知らなかったのは地球が丸いということで、これは日本に全くなかった考え方です。そういう学説に日本人ははじめて接したわけです。ポルトガル人やスペイン人には、教会が何と言おうと地球が丸いということは当然な常識になっていて、彼らは地球の到る所を航海して廻っていたのですね。

しかし、その後秀吉がキリスト教を禁止、徳川になって鎖国となり、徳川末期にオランダ人が来るようになり、長崎の出島に住むことを許され、その小さな窓から西洋の知識が入ってきたわけです。この頃には地動説がヨーロッパでも支配的になっているのですが、これに日本人がどんな反応を示したかというと、まずオーソドックスな幕府公認の学者たち——儒学者です——は、当然ながら地球が丸いなどとはもってのほかだとの考え方です。林羅山《はやしらざん》などのシナの学問では大地は動かないというのが、彼らの絶対的な考え方の基礎になっているわけです。地球が丸いとすると地球の裏側の下に天があるということは荒唐無稽な話だと頭から否定してしまうのです。

ところがおもしろいことに、儒者は反対したのですが中国人の考え方を嫌った国学者本居宣長《もとおりのりなが》などは、案外に地球が丸いという考えを受入れている。これは私も知って驚いたのですが、国学者で最も過激な国粋論者だったといわれる平田《ひらた》篤胤《あつたね》はすぐにこの地球円形説に賛成しているのです。篤胤の方は天動説を主としていました――自分で研究したのか人づてに教わったのか知りませんが。国学者の方がかえって西洋の考えを受入れていたという面は、どんな受入れ方かというと、日本人は西洋人よりもっと前から知っていたという受入れ方ですね、つまり古事記にも書いてあるという。これは大変おもしろい受入れ方だと思うのですが、地球が丸いということも書いてあり、太陽を中心に地球がめぐっているということも古事記と矛盾しないという論法なんですね。

古事記に伊邪那岐《いざなぎ》、伊邪那美《いざなみ》の命《みこと》が天《あめ》の浮橋《うきはし》に立って、混沌としたものを矛でかき廻している間に淤能碁呂島《おのごろじま》が出来たという、一種の天地創造の神話があるのですね。初めは高天ケ原《たかまがはら》は地球とくっついていたのが、地球から離れその途中に橋がかかっている時期があって、伊邪那岐、伊邪那美の命が淤能碁呂島を矛でかき廻して作ったのは、地球が高天ケ原から離れた後なのか前なのかという議論をやっている。そんなわけで、本当の西洋の天文学を受入れたとは言えないので、日本人がすでに古事記に書いてあるから、先に考え方を持っているというあたりが国粋論者らしいところなんです。

何と言っても、本当に西洋の学問が日本人のものになったのは明治になってからだと思うのですが、先ほど申しました理研の連中がイギリスで出来た新しいものを、どうして出来たのだろう、日本でも作れないのだろうか、いろいろ議論したり、メーカーにかけあったりしたのと、似たようなことは、徳川末期に、例の『解体新書』というむこうの解剖の本を、皆で読みながら何とか日本語に訳そう、日本でも解剖をやってみようといろいろやったのに似た点があるわけです。

幕末にニュートンの力学を訳した蘭学者がいるのですが、この人なんかは日本人のそれまでの考え方と違ったニュートンの考えを、何とか理解できないかと非常に苦心したらしいのです。

ですから、ヨーロッパの自然科学の考え方の基礎にあるものと、日本人が持っていた自然観と言いますか、そういうものがなかなか一致しない面があって、頭から反発してしまうという儒学者のような人がおり、認めはするがそんなことは日本人はもっと早くから知っていたというような観点で認めるというのと、とにかくそんな考え方に至ったもう一つ背後にある考え方をも理解しようと苦心した人、と大体三つのカテゴリーに分かれたと思うのです。

ニュートンの理論を日本語に訳した人は、志筑忠雄《しづきただお》（一七六〇—一八〇六年）という幕末の蘭学者ですが、この人なんかは正当的な受入れ方で、ニュートンの考えを理解の上で、その背後にあったものを自分のものにしたいと苦労したらしいのですが、なかなかそこまでは行かなかったのではないかということになっています。本当の理解ができたのは明治になってからだと思います。

明治になってからでも、西洋の自然科学を日本でやるという時に、それを認める大多数の人たちが、日本でもやらなくちゃいけないと言った根拠は、富国強兵という立場、日本にも工業、産業をおこして国を強くするという、かなり科学のもたらす結果を重要視した認め方の人たちなんです。つまり科学を研究しなければ西洋のような文明の恩恵に浴せない、文明国になるため科学をやり科学が役に立つ点を強調した受入れ方をしています。

西洋に追いつこうという時に、その考えをとるのはごく自然なことですが、和魂洋才という考え方で、西洋人の科学は魂とは別なものだという。いろいろと役に立つ機械を作るとか考えだすのはむこうのまねをしよう、魂は日本の魂でいこうという考え方は、間違っているとは必ずしも言えないのですが、西洋に魂はなかったかというと、その洋才の背後には魂があったという理解をもって、科学を進めて来た人がないことはなかったと思うのですが、力が弱かったのでしょう。幕末の志筑忠雄がニュートンを理解しようとしたのは、洋才だけではなく、それを作りあげたむこうの人の魂まで理解しようと骨を折ったので、その点、他の科学者と非常に違う面があったのじゃないかと思います。この辺で話を終りたいと思います。

（一九七七年十一月十一日、京都能率協会での講演）

私と物理実験

いかめしい話だが、たわいもない思い出ばなしである。

小学三年ごろ住んでいた家では、雨戸に節孔《ふしあな》があって、そこから毎朝障子に庭の景色がさかさに写った。朝日に光った雲や、木に集ったり散ったりする雀もみえた。それから気がついたのだろうか、机の引出の底に節孔があるのを見つけて、それを引きぬき、机の下に立て、その前に紙のスクリーンを作ってみた。そうして映る外の景色をねころびながらながめ楽しんだ。家の裏のハラッパには時々何かがおちている。大工小屋が近くにあるので、木切れや釘や、うまくするとナットのようなもの、蝶つがいなどが拾えた。ある日小さい虫めがねを拾った。ふと、このめがねと例の引出の節孔とを組合せたらどうなるだろうと考えた。多分、景色が大きく映るだろうと思った。ところが紙のスクリーンの上には、前よりも小さいが、驚くばかり鮮明な像がくっきりと現われたのでびっくりした。大変な発明をしたと思った。

四年生のころ、石井研堂という人のかいた「理科十二ケ月」という本を買ってもらった。この本には、手細工の、簡単な道具でできる、いろいろの実験のしかたが書いてあった。たとえば、赤インキで紙に絵を書いて、それを白い壁の所においてじっとにらんだ後、その絵をどけると、白い壁の上に、それと同じ絵が緑色にみえる、などいうたぐいであった。たわいもないといえばたわいもない実験だが、そんなのを一つ一つやってみて楽しんだ。

学校で理科をならうようになってから、先生がときどきやってくれるデモンストレーションが楽しみだった。酸素の中で針金をもやす実験は、せんこはなびのようにきれいだと思った。大がかりな実験は雨天体操場にござを敷いて、五年六年の全生徒がそこにすわって見物した。理科の得意な先生が総指揮者になり、あとの先生たちが助手をした。水素の実験では、最後にたくさんのゴム風船をふくらませて、それを、運動場で一せいに放った。このとき、生徒たちは一せいにかん声をあげた。

その頃になると、自分でももっと高度なことがやりたくなった。友だちと図書館の児童室に行くことをおぼえ、そこで例の石井研堂の、もっとアドヴァンスト・コースの本をみつけ、それをむさぼり読んだ。その本から、釘にパラフィン線をまきつけて電信機が簡単に作れることを学んだ。電池がいるが、これだけはおやじにせがんで買ってもらった。

やはり理科のすきな友達がいて、二人で電鈴を作った。ふと、電灯線の電気を流したらどうなるか試してみたくなった。結果は、コイルが火になってパラフィン線が燃えてしまった。あわててスイッチを切ったが、あとのまつりであった。ヒューズが切れて電灯はつかなくなったが、この悪事を二人とも誰にも言わずに知らん顔をしてすごした。

中学生になったとき、親せきのうちから古い幻灯板をもらった。日露海戦バルチック艦隊全滅の光景とか、バイカル湖の氷がわれてロシア軍が湖中に没する光景とか、勇ましいものであった。早速幻灯機を作って映してみたが、板のまん中へんしか明るく映らなかった。学校の幻灯機をみて、大きなコンデンサー・レンズの必要なことがわかった。しかし、こんな大きなレンズは手に入らないのでどうしようかと考えた。フラスコに水を入れて代用になるまいかと気がついて、早速ためしてみたら上成績であった。

しかし日露戦争ものはあまりにも幼稚で、何か、もっといい絵がほしいと思った。出来れば、写真がほしい。おやじが外国でとってきた写真のネガがたくさんあるが、これをガラスにやきつけることは出来ないものか。硫酸紙をガラスにはりつけて、青写真の薬をぬってやきつけてみたが、色がうすく、透明度も悪くてものにならない。そこで試みに、寒天をとかして、それをガラス板に流し、乾かしてから青写真の薬をしみこませてみた。乾いたところをやきつけてみたら、予想以上の色濃い、透明な青写真がガラスの上に出来て大成功であった。得意になって友だちを集めて幻灯会をやった。

おもちゃの顕微鏡を買ってもらった。たった二〇倍ぐらいのもので、せいぜい蚤をつかまえてきてのぞいてみたり、小さいものでは花粉か蝶々の粉が見える程度であった。それでも、裏の古井戸の水の中にゾウリ虫がたくさん動いているのが見えた。何とかして倍率をもっと上げたいと思った。学校からガラス管の切はしをもらってきて、ガスの火でこれを糸に引きのばし、その糸のさきをガスの火に入れると、くるくるとまるまったガラスの滴が出来る。こうして作ったガラス玉を対物レンズに使ってみた。そうしたら、収差が強くて、ひどく暗いものしか得られなかったが、それでも倍率は二〇〇—三〇〇倍ぐらいになって、例の古井戸の水の中にいるツリガネ虫の頭と柄がよくみわけられた。

ポンプのおもちゃを作ろうと思った。シリンダーにはアスピリン錠のあきビンを使うことにした。この中に鉛を入れて、火鉢の火でそれを熔かし、そこへ針金をさしこんでおいてさました。鉛がかたまると、シリンダーにきっちりはまったピストンが出来た。完全に気密でありながらスルスルとよく動く。あとはビンの底を注意深くぬいて、そこにコルク栓をはめ、ガラス管を二本取りつければよい。ガラス管は、一部をくびって、その中に空気銃の散弾の丸い玉を一つ入れておく。これが弁として働くので、小さなおし上げポンプが一つ出来た。

今の子どもは、小学生でも、ラジオの組立てぐらいやすやすやってのける。模型のモーターを使って、中学生でも電車ぐらい見事に作りあげる。しかし、昔は、模型モーターなどお金もちの家の子どもでもなければ手に入らなかった。電池一つ買ってもらうにも、おそるおそるおやじにうかがいをたてた。今は、いろいろの材料や部品がすぐ手に入るが、昔はそんなものはなかった。だから、手まわりの品物をあれこれとよせあつめ、いろいろ工夫しなければならなかった。しかし、考えたことが予想通り成功したときのよろこびは、今の子どもがラジオを組上げたときのよろこびよりもはるかに強かったのではなかろうか。

今でも、この昔の道楽がときどき出てくる。先日は、日曜を一日つぶして偏光鏡を作った。対角五七度(注一)でガラス板から反射された光線は完全に偏っている。この性質を利用した、いわゆるネレンベルクの偏光鏡なら、誰でも簡単に手作りできる。ガラス板やボール紙の代金は全部で二〇〇円ぐらいであった。のぞいてみるものも、昔なら、いろいろと、透明な結晶をさがさねばならなかったが、今では、セロファンという重宝なものがある。セロファンは直線偏光を楕円偏光に変える性質をもっているので、ガラス板にそれをいろいろに切ってはりつけ、偏光鏡を通してそれをすかして見ると、いろいろな美しい色が見える。アナライザーの下に、別に、セロファンのスクリーンをおいて、それを回転させると、その色が千変万化する。このおもちゃでこの頃毎日子どもといっしょに楽しんでいる。

(注一) この言葉を編者は知らない。ガラス板の面に垂直に立てた直線(法線)と反射光線のなす角なら反射角、入射光線のなす角なら入射角という。これらは互いに等しい(反射の法則)。もし反射された光が完全に偏るときの入射角を意味するなら偏光角とよぶのが普通である。

数学がわかるというのはどういうことであるか

数学がわかるとか、わからないとかいうのはどういうことであろうか。むかし中学生であった頃のことを思い出してみると、負数を引くのは符号を変えて加えるのだということがどうしてもわからなかった。もっとわからなかったのは負数と負数とをかけると正数になるということであった。ところが、いつのまにかこんなことは気にならなくなって、代数学を無事及第したが、それは、わからなかったことがわかったのか、あるいはただ、いろいろやっているうちに、こういう計算のルールに慣れてしまったにすぎないのか。ずっと成長してから考えれば、数学はいくつかの公理、演算の規則から出発するもので、要するに内部無矛盾性があればよいわけであるが、中学生にとっても、何とかやっているうちに、負と負と乗じて正というやり方をして万事つじつまが合うということで安心立命したのであろうか。

もう一つこういう思い出がある。これは大ぶん大きくなって高校生のときのこと。

$$e^{ix} = \cos x + i \sin x$$

という定理が三角で出てきた。幾何学的に定義された三角関数というものが、指数関数という解析的なものと結びつくということは何とも驚異であったが、それだけにまたその意味が理解できない。証明はベキ級数を使ってやればいかにも簡単明りょう疑う余地はないが、何かごまかされたみたいで、あと味が悪い。ところが、やはり中学生より大きくなっていたので、そのあと味悪さの原因がどこにあるかに気がついた。どう気がついたかというと、この定理が出てくる前に、数の虚数ベキの定義がやってないという点である。ベキの定義はまず正の整数ベキから出発し、次に負数ベキが逆数と関係させて定義され、次に分数ベキが平方根とか立方根とかに関係させて定義されている。ここまでは中学校で教えられた。さらに進んで無理数ベキは極限概念として微分学で習っている。ところが虚数ベキの定義になると、まだどこでも習ったことはない。その習っていないものがいきなり式の左辺に出現したのだから理解できないのは当然である。そういうことに気がついた。こう気がつくと、この定理の意味は一目りょう然となった。つまり、これはむしろ虚数ベキの定義そのものなのであると。やはり高校生になると中学生のときとちがって、もやもやとわからないといっていないで、なぜわからないか、どこがわからない原因かと、つきとめることができたのであろうか。

数学を勉強しているとき、本に書いてあること、いくつかの公理から出発していろいろな結論を証明して、それをもって大きな体系を組みたてていくその各段階の論理の展開はすっかりわかっても、全体的に一向に理解したという気もちの起らないことがある。つまりあと味がよくないのである。そういう、あと味のよくないわかり方は、おそらく本当の理解でないようで、そういう場合は大てい本を閉じるとともに中味をすっかり忘れてしまう。つまり個々の定理の証明などは一つ一つわかっても、全体系を作り上げるのに、なぜその一つ一つの定理がそういう順序でつみ上げられねばならないか、そういう点までわからないと、その勉強は結局ものにならないようである。数学者にきくと、数学の仕事は、一つ一つの定理の証明などはむしろあとからでっち上げるもので、実際は結論がまっさきに直感的にかぎつけられ、次にそこへ至るいくつかの飛び石が心に浮んできて、最後にそれを論理的につなぐ作業が行なわれるということである。数学を勉強してほんとにわかったという気もちは、おそらくその数学が作られたときの数学者の心理に少しでも近づかないと起り得ないのであろうか。一つ一つの証明がわかったということは、ちょうど映画のフィルムの一こま一こまを一つずつ見るようなもので、それでは映画のすじは何もわからない、そんなものではなかろうか。

そうなると、数学がわかるというのは、数学者のもっているような見通しの力がないとだめだということになる。しかし、小学生は小学生なりに算術ができ、中学生がいつの間にか負に負を乗じて正になることを不思議に思わなくなるのは、凡人でも時間をかけて数学をいじくっているうちに、無自覚のうちに全体の見通しが脳のどこかに形づくられるのであろうか。

こういう話をある数学者にきいたことがある。いろいろの長さの金属の棒をナットでつないで組合せ、いろいろなものを構成するおもちゃがある。その数学者は子どものときそのおもちゃが大すきであったが、現在数学をやっているときの気もちは、子どものときそれでいろいろなものを組上げたときの気もちに似ている。つまり彼にとっては、抽象的な論理の組上げが金属の棒の構成物のように目に見えるものなのであろうか。だからこそ全体が始めから見通され、それを作り上げるのに、この棒をここに、あの棒をあそこにと組合せていけばよいというように構成の段どりがまざまざと心に浮ぶのであろうか。

とにかく数学者のこういう心の働きの秘密は、しろうとも知りたいことである。しかし、数学者にそれを聞いてみても答えを得ることはむずかしいかもしれない。現に、物理学者の心の働きの秘密を知りたいと言われて返答に窮することは、すでにしばしば身を以て経験したことである。

物理学者のみた生命

デルブリュックもそうなんですけれど、ボーアとか、シュレーディンガーという有名な、物理で非常に大きな仕事をした先生が、生物についていろいろなことをいっておられます。その話を簡単に申しあげてみたいと思います。

シュレーディンガーの生命論

シュレーディンガーという人は非常に話の構成がうまいというか、ふつうの人じゃちょっと気のつかないような、非常に興味のある観点から話を始める人です。シュレーディンガーの考え方の基礎は、生物現象は、物理や化学で理解できるという考え方、超物理的なものを考える必要はないんだという考え方です。しかし現在、物理や化学で生物現象がすっかり説明されるかというと、もちろんそうはなっていない。そこで彼は、今物理や化学で生物現象が説明できないのはなぜかということを考えてみようというわけです。彼によればそれは、今の物理にないような、物理を越えるような自然法則があるからではなくて、今まで物理学者が対象にしてきたもの、つまり無生物にはないような構造を生物体はもっているからだと考えます。

彼は、生物の生物らしさのもとになっている物質の構造は非周期的な結晶だということをいっています。要するにこの頃のことばでいうと、DNAがそうですね。らせんであっても、真っすぐであってもいいんですけれど、四つの塩基が非常に規則正しく並んでいるけれど、決して周期的ではないわけです。

彼の論文は「なぜ原子は小さいか」という標題の章から始まっている。本当は「なぜ生物は大きいか」ということがいいたかったんですけれど、ちょっと先生流にひねくりました。つまり生物というのは非常にたくさんの原子からできている。生物の大事な器官、たとえばわれわれの感覚器官、一番先っぽにある末梢神経といえども、非常にたくさんの原子からできている。一つ一つの原子の行動をとらえるということは、とてもできないぐらい大きな構造をしているが、それはなぜだという設問をしているわけです。

そしてそれに答えるのに、かりに今と違う、生物つまり原子の運動を一つ一つ追跡できるような感覚をもった生物があったとしたら、その生物はどんな性質のものであろうかという、これもだいぶひねった議論なんですけれども、そういうことを考える。そういう生物があったとしますと、おそらくその生物は決してものを考えることができないだろうというわけです。考えるということは、非常にある規則正しさを要求するわけですね。もし、脳なら脳が一つの原子によって影響されるものであったら――われわれの環境では熱運動によって原子が非常に複雑に動いているわけですから、その影響を受けて脳自体が全くランダムなふるまいをしてしまうだろう。そういうでたらめなふるまいをする器官からきちんとした考えなど出てくるはずがないというんです。だからそんな生物は存在しないんだという論法です。

遺伝子の問題についても議論しています。親の性質がそっくり子どもに伝わるという点から見ると、遺伝子の構造は非常に永続性をもっている。これも熱運動でやたらに変わるようなものでは困ると。そこでまず考えられますのは、その分子それ自身が――分子とまでは、彼はいってないんですけれども、その器官の最小単位が、ある程度の大きさがなければいけない。ある程度の大きさというのは、非常にたくさんの原子からできている必要がある。たくさんの原子からできておりますと、ふつうの巨視的な物体と同じように、熱運動でひっかき回されても、統計的な法則性がそこに出てくる。

ところである数の原子で統計的な規則性が出てくるとして、それでいいかどうか、実際に遺伝子がそういう構造になっているかどうかというので、遺伝子の大きさを調べましたら、約百万個の原子からできていることがわかりました。これでは熱運動があっても統計的な規則性が出るという点からいうと非常に少ない数だ。そこでそれをどう説明するかというので、古典力学ではダメなんで、量子力学を使おうということになる。

量子力学を使うと、不連続性というのが出てきて、熱運動があっても、温度が低いときにはそれが響いてこない。そういうわけで形が大きいということのほかに、エネルギーの量子力学的な不連続性があるということを考えれば、遺伝子が熱の影響を受けないということが理解できるということをいっております。

こういう例から彼は、生物に対して量子力学がちゃんと成り立っているはずだと結論する。そういう量子力学的な考えでいうと、遺伝子は非常に巨大な分子で、そして、熱運動ではビクともしないという点で、これは固体と考えてよろしい。生物体というのは固体でできている。重要な部分は固体で構成されているというわけです。ただ、通常の固体——結晶といったほうがよいかも知れない——と違って遺伝子の場合には、それが情報をもっているはずだ。その情報を彼はモールス信号にたとえて、ツーツートントン、ツートンツートンと。それで結局、分子が規則正しいけれども、周期的でなく並んでいる。

大体シュレーディンガーの考えはそういうんですが、そこで例の有名な「生物は負のエントロピーを食べる」という話が出てくる。つまり、そういう規則性を保持し、かつそれを増殖させるためには、負のエントロピーを食べなきゃそういうことはできない。そういうわけで生物は熱力学にも従っているはずだ。これがシュレーディンガーの説です。

ボーアの相補性

ボーアは相補性ということを初めていい出した人です。

物理学というのはいろいろな面をもっているわけですね。力学、光学、熱学、いろいろありますけれど、それを統一しようとするときに、すうっとすなおに統一できるものもあるけれども、相補性という意味でしか統一できないようなものがあるわけです。これは粒子と波動を統一するとき相補性で統一したと同じような――それとは別の意味ですけれども——同じような相補性ということばでいうことが許されると思います。その意味は、波動性と粒子性の場合と同様に、このときもやはり片一方の考え方はある状況のもとで妥当し、もう一つの考え方はそれと違う状況のもとで妥当するということです。

ボーアはその考えを、生物現象を記述するところにまで拡げてみた。量子力学、化学的な記述をするための条件と、生理学等で扱っている考え方が有効である条件とは相補的な意味で統一されるべきだということをいったわけですね。ボーアがこういうことをいいだした頃には、生物学の側にはもちろんまだ分子生物学はありません。ただボーアは、どういう点で生物と無生物の条件の違いがあるのかというときに、生物にとっては、生物に属する原子とそうでない原子との区別が不確定である——つまり環境と生体とのあいだにはしょっちゅう新陳代謝というのがあって、原子が出たりはいったりしている——、そういう点が物理学が対象としてきたシステムと違うんだといっている。

これはちょうど熱力学と普通の力学的記述との違いに似ています。力学的な記述ができるシステムというのは、外からエネルギーの出入りはないようなシステム。一方、熱力学的な記述のできるシステムは、外の熱の貯蔵庫からエネルギーが出たりはいったりしている。おそらくそれをちょっともじって、物質の出入りがある系と、出入りがない系というふうに、ボーアは一つの例として出したんだろうと思うんです。ところが今になってみると、遺伝子などはボーアがいったような不確定なシステムではない。ということで、デルブリュックがボーア流の考え方をもっていたために分子生物学の考え方に少し立ち遅れたということは大いにあるかもしれません。とにかく、シュレーディンガー、ボーアという二人の偉大な物理学者が生命体に興味をもち、理論的説明を試みているのはおもしろいですね。これがどの程度、生物学の役に立つかは、まだわかっていないわけでしょう。

（一九七三年九月十四日、三菱化成生命科学研究所パネル討論会での発言）

自然科学と外国語

「自然科学と外国語」ということについてはあまり深く考えたことはないが、漫然と述べてみたい。

自然科学にとって外国語は昔から大切であったが、昔は教科書で勉強することが主であったから外国語は読めさえすれば発音などはどうでもよく、極端にいうと漢文のように返り点などをつけて読んでもよいということであった。そのうちに、日本も学問が進み、こちらも研究を外国に発表するようになったので、書くことが必要になった。こうして戦前までは読むことや書くことができればよかった。ところが最近はそれだけでは不十分で、しゃべること聞くことなどが必要になった。近ごろは飛行機が発達したせいだと思うが、国際的な学会や討論会が非常にふえ、私の専門の物理学のごくせまい範囲においてさえ、この種の会合が年に四、五回もあって、それに全部出ることはできないので、その中から選んで一年に一回または二年に一回出るという状態である。そういう会合へ行ってみると、日本人は大変損をしているという感じを受ける。つまり、言いたいことが言えないし、向うの言うことがわからない。講演などはまずわかるが、討論になるといろいろな人が意見を述べあうわけで、そこへ日本人がわりこむことはなかなかむずかしい。だから、聞くこと話すこと、それもとっさの間に言いたいことをまとめて言うことができないので損をする。近頃大学を卒業して三、四年たった連中が、相当アメリカやヨーロッパへ行くが、その連中は優秀な人たちであるのに、初めの一年くらいはなかなか力のあることが認められない。かえって、妙な学生を送って来たという印象を向うの人に与える。

アメリカのロチェスター大学と日本の物理学界とはちょっとした特殊な関係があって、毎年日本の物理の学生三、四人にフェローシップをくれる。希望者が多いのでわれわれの側で銓衡《せんこう》する。専門と同時に語学の方の力も調べるが、読み書く力は優秀でもさっぱりしゃべれないし、聞きとれない学生がある。専門のことがよくできれば、しゃべれなくてもそのうちにはよくできるようになるだろうと思って、専門の方を重視することにしているが、ある時、二人の学生を送ることにした。その中の一人は専門の方が非常によくできたし、英語は読む方も書く方も正確だが話はまるでだめであった。もっともこの学生は日本語もへたで無口であった。もう一人の方は専門の方はやや落ちるが、英語はペラペラ、外人とつきあっていたので、きざなくらいであった。

その後、ロチェスター大学の教授が日本に来た時、会って話してみると、「一人は相当できるが、もう一人はゼミナールがあっても一言もしゃべらない、わかっているのかどうかもわからない。あれでは困る」と言っていたから、私は「いや、あれは無口だが、専門の方はなかなかよくできるのだから、もう少し見ていてくれ」と言った。その翌年、今度私の教室の助教授がアメリカへ行ってその教授に会ってみると、「昨年朝永さんはああ言ったが、なるほどその通りだ」と言ったという。その学生は評判がよくなった。

本当に時間をかけてもらえば、実力も出てくるし、馴れてくれれば自分の意見も発表できるようになるが、討論会などではそういうわけにいかない。ちょっとまってくれと言っている間に、話はどんどん進んでしまう。だから話をすること、むだ話をしたり社会的な会話をするだけでなく、自分の言いたいことを正確に相手に伝える力がどうしても必要になってくる。

ところで会話について日本人は大きなハンデキャップを持っている。例えばアメリカなどで他の国、例えば、ドイツ、フランスから来ている連中は来た当座はどもりどもり言っているが、二、三カ月たつとどんどん思ったことが言えるようになる。おかしな英語も言うが、ちゃんと言いたいことを相手に伝える。一年もいると何の不自由も感じなくなる。日本語とヨーロッパの言葉とは非常にちがうが、ヨーロッパ人同士の言葉は同じ構造なのでよくわからなくても大体意味は通じる。

＊

私はプリンストン大学の実験室を見せてもらった時に、ヨーロッパから来た人が実験していた。何か宇宙線の強さの測定をしていた。その人が説明してくれたのであるが、強さの変化というのを change of intensity というところを *changement* of intensity という。これで意味がわかるのである。これはおそらく自分の国の言葉をそのままおきかえたものであろう。こういう芸当を日本人がやると電話をかける時 if if といったという笑い話になる。

日本語と英語では単語それ自身がちがうのみならず、さらに文章の構造が大体さかさまになっている。ラフカディオ・ハーンだったと思うが、日本人は upside down で物を考え、inside out で物を考えると言ったそうだ。日本人の物の考え方は向うから見るとそうなるが、日本人から見ると向うがそうなるので、ひょっと言う時に、英語では後で言うべき単語が先に出て来てしまう。しばらく沈思黙考して頭のなかで単語を並べてから物を言わなければならないので時間がかかる。フランスやドイツの人はそんなことはなく困った時は自分の国の言葉をそのまま言ってもよい。

もう一つの例がある。これはあるドイツ系の婦人であるが、アメリカを方々《ほうぼう》旅行した時の話をして、「あの辺は道が非常に small だ」と言った。すると御主人が small ではなく narrow だと訂正した。これはドイツ語の schmal をそのまま英語にすると small になるのでそう言ったと思う。これはちょっとおかしいが結構意味は通じていて、電話で if if というのとは違う。それどころか、アメリカでは英語がドイツ式になっているところがあるので、こういうふうにやっていける。日本人は頭の中で単語を並べなおして言っているが、これでは間に合わないわけで、文章を書く場合とか、講演する場合はまあいいが、討論などをするときはそうはいかない。相手の国の言葉で物を考えるという訓練をしておかないと、いざという時の間に合わない。私も時々外国に行くが、ディスカッションにはとてもわりこめない。だから大勢わいわい言っている時はだめだから、お茶の時に「さっきこう言っていたようだが、これはこうではないか」というぐあいに、一人対一人の席で何とかお茶をにごす。

＊

日本人にとって、英語のヒアリングとスピーキングにおいて不便だということのほかに、日本語が自然科学の勉強の上に、いかに不便な言葉であるか、ということを痛切に感じる。日本語の特徴として良いところもあるが、概念的なことを正確に表わすのに日本語には実にあいまいな所がある。文章の構造が論理的なものを取扱うのに不便にできている。昔、我々の先輩たちの頃は、自然科学などは英語で教えていた。これは日本語のいい教科書がなかったためもあったが、我々の時代でもすこし古い数学の先生などは英語と日本語をまぜこぜに使って、定理などは英語で述べたものである。

数学の定理を述べるには、日本語はややこしくて、一度や二度読んだのではわからないものになる。たとえば、簡単な定理の場合でも「$f(x)$ を単調に増加し、連続であり、かつ微分可能な函数であるとせよ」という命題があるとする。この場合、ただ「函数」というだけならいいが、そこに「x の」と入ると、英語でいうと、“let $f(x)$ be a monotonic increasing, continuous and differentiable function of x" となる。日本語だと、「fを単調に増加し、連続で、微分可能なxの函数」というと、「単調に増加し連続で微分可能な」というのが、「x」につくのか「函数」につくのかわからなくなる。それで、xを一番前へもってきて「fをxの単調に増加し連続かつ微分可能な函数とせよ」とすると、「x」と「函数」の間にあまりに長いことばがはいるので、一読ではわからない文章になる。「xの単調に」と続けて読むと困るので、「xの」の次にコンマを入れたくなり、ついでに、「fを」の次にもコンマを入れたくなる。この調子で書いていくと、やたらにコンマを入れるようになるから、まことにぎごちない文章になる。英語では、xの後にさらに関係代名詞が来て、もう一ぺんxを修飾したり、あるいは分詞句をつけて修飾するという芸当もできる。そういう修飾する語を日本語では全部終りの「函数」という語の前へもってこなければならない。忘れた時分に、「函数」というのが一番終りに出てくる。もっとも、ドイツ語でもネーベンザッツになって一番終りに動詞が来たり、分離動詞の接語頭が忘れた時分に長い文章の終りにabというふうに出てくる。ドイツ人がしゃべっているのを聞いていると、忘れるかなと思っていると、ちゃんとabとつけている。我々はそうはいかない。だから日本語は非常に不自由である。英語の教科書を直訳するとわけのわからないものになる。だから、文章をばらばらにして原文に拘泥せず、換骨奪胎以上にして、もとの文章の趣はかわって意味だけを伝える以外に手はない。

日本人の国際的な学会での発表を見るといかにもはっきりしないことが多い。講演では原稿を用意してあるので、文法的には正確な英語のはずであるが、話全体がすっきりしない。一体何を言わんとしているのか、どこがステートメントであって、どこが理由づけであり、どこが条件であるのかはっきりしない印象を受ける。日本語による日本人の考え方が自然科学的な考え方とマッチしていないためであろう。ヨーロッパ語の構造だと、まずステートメントがあって、次にそれを理由づけるものや、それの条件などが次に来るというふうに、構造が理論的な段階を追って非常にはっきりしている。日本語であると、ステートメントがすまないうちに、理由づけや条件がまん中に入ってきたり、修飾文がわりこんだりするという文章の構造である。したがってしまいまで何を言わんとするかがわからないことになる。一つ一つのセンテンスの構造がそうであるのが習性となって、日本人のものの言い方がまとまった論文全体の中でもそういうふうにはっきりしない構造になっていく。その上、日本語には単数と複数の区別もない。集合や概念と個物とを区別することもしない。そういうわけで、日本語と外国語のちがいがひいてはものの考え方のちがいにまでなっている。何となくあいまいなところで満足してしまうくせになっている。

私が高校でドイツ語をならったのは、小田切先生といって哲学を出られた方であった。先生は哲学出なのでその授業はおそろしく理屈ぽいドイツ語の時間であった。普通の若い学生があこがれるのはハイネの詩、ゲーテの作品である。ところが小田切先生は、「韻文は一切いけない。韻文をやると、ドイツ語のもとの構造がわからなくなる。文学作品はもっと後にすべきだ」というわけで、一部の学生には無味乾燥なドイツ語の時間ということで人気がなかった。その先生は、「概念を受ける場合には、女性でも男性でも代名詞 es を使ってよい。個物をさす時には女性なら女性の代名詞でうける」といわれた。ドイツ人とはなんという理屈ぽい人間かと大変感心した。私はドイツへ行き学生や下宿屋のおかみのしゃべっているのを気をつけて聞いていた。ある時食事にヌーデルが出てその話をしている時、「このヌーデルンは大へんおいしい」とか何とか言ったら、その返事にはちゃんと複数代名詞でうけて sie sind と言ったので感心したことをおぼえている。なるほど皿に盛られているそうめんは多数本であり、一本のそうめんでもなくそうめんの概念でもない。ふだん日本語的にあいまいに考えているわれわれはこんなときに必ずボロが出る。

＊

それでは一体どういう教育をしたらいいのであろうか。私の考えるには、しゃべる時にはいちいち日本語から並べかえてやるというのではなく、もう少し直接に英語そのものの形でものを考えるということが大事だと思う。そして、しゃべったり聞いたりしているうちに、おのずからあいまいでない考えかたの習慣もできてくるだろう。この頃のやり方は昔のようにいちいち翻訳して日本語になおしていくのとはちがってきたそうであるから、その点は結構であるが、あまりそればかりになると、正確にものを読む場合にマイナスの面が出てくるかもしれない。それも徹底すれば、読む場合にいちいち翻訳しないでも正確に理解できるようになるかも知れないが、その辺のかねあいは私にはわからない。専門家の研究を願いたい。

私はインドに行ったことがある。英国人に習ったインド人は別だが、インドで育ちインドで教育を受けた人たちの英語はアメリカの英語と同じように新しい英語ができているらしく、発音が非常に違うし、言いまわし方もアメリカとも、イギリスとも違うようである。またインド独特の言いまわし方もあるらしい。インド固有のことばはいろいろあるそうだが、その構造は英語に似ているのであろうか、発音はへんでも流暢《りゅうちょう》にしゃべる。インド人の自然科学の考え方、論文の表現の仕方なども違ってはみえない。もっとも違った考え方のものはおそろしく違っていて、何か神秘的な考え方のものもいる。「自分は物理をやっているから、自分の学説を聞いてくれ」と、立派なひげなどはやし、哲学者のような人がやって来て言う。そういう人は神秘的なことを言うので、我々にはわからない。そういう極端に違ったのはいるが、ある点で西洋人の考え方と違う点は当然であろう。しかし物理学をやっている範囲、ものの表現の仕方などは日本人から見ると、ヨーロッパ人に近いように思われる。それも結局彼らのことばがヨーロッパ語と似た構造のせいではなかろうか。

まあ、いろいろのことを日本人らしくあまり論理的でなく述べたが、私の話を要約すると、「自然科学をやる者にとって外国語は必要である。そのためには読み書きだけではなく、とっさの間に自分の言いたいことをすぐ言い表わすことができる、ということが必要である。その上に別の面として、外国語の訓練は理論的に明確に考える習慣をつける点で自然科学を学ぶ上に重要である」。これだけにまとめると一分と三十秒ですんでしまったが、それだけの事を四十分にひきのばして話したわけである。

科学の高度化とジャーナリズムの協力

科学が科学者の個人的な天才や熱情だけで推進されたということは、厳密にいえば、いつの時代にもなかったことかもしれない。しかし、科学が大ぜいの人々の協力によらねば進展し得ないものであり、かつ万人が善きにつけ悪《あ》しきにつけ、その影響をはなはだしく受けるものだということを、現代のわれわれほど痛切に見せつけられたものはない。科学研究の規模はもはや科学者だけの手ではどうにもならないくらいに大きくなり、またその影響は非科学者も無関心でいられないくらいに重大になってしまったのである。

これは例えば原子力の研究の規模とそのおよぼす結果の大きさについてみれば明らかである。原子爆弾が一発爆発してみると、科学者は実験室の中で試験管とにらみっこばかりしていられないし、一般人は原子というものが科学者の観念の産物にすぎないなどと敬遠してはいられないようになる。こうして科学と他のあらゆる文化部門、科学者と一般人との間の相互作用はますます大きくなって行き、互いに他をひとごとのように考えていることは許されなくなっていく。それだけに一方、科学の対象がますます広範囲に及び、その方法がますます精緻になるということから、科学の専門化はいよいよはなはだしく、科学者は極端に集中的なやり方でなくては研究が出来ないし、また一般人の方では、科学がいよいよ親しみにくくむつかしくなっていくので、それを敬遠せざるを得ないようになる。

科学者が他の人々の協力を痛切に求め、一般人は科学のもたらす幸福やわざわいに深い関心をもちながら、事態がこういうふうになって来ることは非常に問題である。しかし、われわれが科学は人類にとってよいものであると信ずるかぎり、その進展を止めて、「古いよい時代」にもどるわけにはいかない。われわれはこの問題を解決する手段を見出してさらに進まねばならない。そこで、これからの科学者は単なる研究職人であってはならないことになる。彼らは目をひろく開いて人類文化の中での自分の位置と責任を自覚し、一般人の科学への愛と関心とをよびおこし、彼らをして科学が自分の享受する文化財であるという実感をもって、その力をよろこんで科学者に貸すようにしなければならない。事実、彼ら自らもそれを望んでいて、科学者が彼らのこのもっともな欲求に何のきっかけをも与えてくれないことをなげいているであろう。

しかし、このことがすべての科学者をして研究室を留守にして街頭にたたせるという結果になってはならない。それは目的を忘れた行動である。客観的な科学そのものがからっぽになっては、それを愛せよ、それに関心を持てよと求めても出来ない相談である。科学者は常に科学を生産していなければならない。

この意味で、科学教育家とか科学ジャーナリストとか、あるいは科学評論家とかいわれる人々の仕事がますます重要になってくる。科学と他の部門との相互作用が大きくなったことは、これらの活動の意義を非常に重くする。われわれはこれらの仕事の意味を新たに見なおし、それらに今までにない性格を要求しなければならない。

すなわち、これらの仕事はもはや単なる職人的な教育や知識の切売りや概念的なおしゃべりであってはならない。これらの仕事は、一方に科学の文化における位置についてひろい見通しを持ち、他方には日々に進む科学そのものの中に深く根を張っているような人によって行われねばならない。

これらの人々は一般人の要求や興味をよく察するとともに科学が如何にして作られるかということも体得していなければならない。これらの人々はいつも科学および文化一般の進展とともに若々しく成長しつづけなければならない。科学や文化一般とともに歩むことに熱情をもたずに単なる既成の知識を売りひろめるだけでは、その活動力はしばらくのうちにかれてしまうだろう。現代における科学や一般文化の進む速さはそれほど急速である。

以上のべたことは全く常識的なことであったかもしれない。しかしこのわかり切ったこともその通りになっていなかったか、またはあまり重要視されていなかったのではあるまいか。

本屋さんへの悪口

今日は少し虫のいどころが悪いので悪口を書く。本は読む人のためのもの、書く人のためのものであると思うのだが、日本では、本屋さんのためのものというのがもう一つあるようだ。この三つが矛盾なくそろえば上乗《じょうじょう》なのだが、どうもこのごろの日本では、第三の、附けたりみたいなのが一番はばをきかしているみたいだ。他の方面ではどうだかしらないが、僕の専門の方ではどうもそういう気がする。これこれの趣向の本を出そうと企画をたてるのはいつも本屋さんである。そして頁数はこれこれ、中味はこれこれ、いつ何日までに原稿は締切、いつ何日に発売する、といったたぐい、すべて本屋さんが決めて、書き手に承知させる。それはそれで悪くはないが、どうも企画のたてかたが商法からでているようにひが目には見える。もちろん相談はうけるのだし、いやなら断ればよいのだから書き手も文句はいえないが、その企画に商法のにおいがするといっても、百パーセントそうだというのでもなく、やはりいくらかは実質的に有益でもあるというので、そう無下に断るのもやぼである。そこでずるずると引受けることになる。しかし書き手としては、たまには書き手の方に原稿の期限も頁数も、いわんや中味もまかせ切って、書きたいことを勝手に書かせることもあってよいのにと思うのである。

ところが僕の経験によると、こういうやり方をする本屋はどうもつぶれるようだ。つぶれるほど悪くなくても印税の払いは非常に悪い。これは僕に言わせれば、うれうべき状態である。こんなことを正直に書くと僕にとって不利になるのだが、僕にしてみれば、わがままを通させてもらい、書きたいことを書きたいだけの長さ書かせてもらい、かつそれを読者がよろこんでくれるなら、印税をきちんともらうよりむしろはるかに有難いとさえ思っている。しかし本屋をつぶしては申訳ないので、こういうやりかたは、岩波さんのような根のしっかりしたところでこそやってほしいと思うのだが、案外新興中小本屋みたいなところの方が今までこういうことをやってくれている。以てこれ如何となすとここに岩波さんに悪《にく》まれ口《ぐち》をききたくなる。

本屋さんのための本が多いのは、本屋さんが多すぎて、しょっちゅう新しい企画を派手にやらないと店が立ちゆかないということにあるらしい。自転車のように走っていないところげるのである。新企画を派手にやるのが大切なので、せっかく古いよい本があっても、その再版などは人目を引かないからやりたがらない。中味は昔の本とそう変っていないのに、またまた新しいのを誰かに書いてもらわねばならない。これは無駄なことである。第一、本の名前を新しく考えるのにも苦労することである。

無駄といえば、似たような企画を方々《ほうぼう》の本屋さんでやるのもそうである。僕の専門の方では書く人の数も知れているから、書き手は引っぱりだこである。断るのに大変骨が折れる。一つがすんでやれやれと思うとまた別口がくる。こんなでは本当によい本は出来ない。ここでも本の名前を考えるのに一苦労するありさまだ。

悪口ばかり言って建設的でないのはいけないから、笑われる覚悟でしろうと考えの解決策をつけておく。こういうせちがらい競争は要するに買い手が少いからである。そこで海外市場に目をつけたらどうだろう。岩波さんのような実力あるところで、始めの損は覚悟して、中味はこれこれ、頁数はこれこれ、などというけちな注文はつけないで誰かにじっくりと力の入ったものを書いてもらい、それを外国語にして海外に出すという手はどうだろう。これから新しく書いてもらわなくても、今までのものの中に岩波さんたるもの、その出した本の中にはそれに値するものがあるにちがいない。

この企画が実行可能かどうか知らないが、僕にも相当企画性はあるのである。今から十年あまり前、僕がドイツ留学から帰ってきたとき、富山小太郎先生に、岩波で読む本ばかり出さずに見る本を出しなさいと言ったことがある。ドイツには「青い本」という写真文庫のようなのがあって、それが僕の気に入ったのでこういうことを言ったのである。先日富山先生にこの話をしたら、一向おぼえていないというのでがっかりしたが、これはまんざらのしろうと考えではなかったではないか。

しかし海外市場の件は大して自信があるわけではない。非建設的という非難をのがれるためにつけ加えたのにすぎない。妄言多謝。

理科教育と教科書

かつて高等学校の教科書を執筆したときの経験を率直に述べますと、頁数から大きさ、それにとりあげるべき最小限の内容まで決まっていて、非常に窮屈だったということです。もう少し自由に書けたらと、つくづく感じました。しかし、自由にといっても、編者や著者の個性が出すぎても、教科書は具合が悪い点もあるでしょう。もう一つは大学の入学試験です。これはほんとうに困りものです。入学試験をなんとかしなければ、高等学校でそれぞれの先生が独自の教育をやろうと思っても、むずかしいことです。

当初は私もアメリカのＰＳＳＣ[注一]のような教科書をつくりたいと思っていましたが、結局、現状に妥協し中途半端なものになってしまわざるを得ませんでした。ああいう形のものでも、いいものができれば、使ってくれる先生もあるに違いありません。

物理学というものは自然法則だから、人によってそんなに違った教科書ができるはずがありません。しかし、その入り方やどこに重点をおくかで、非常に違ったものになってきます。極端な例になるかも知れませんが、数学のユークリッド幾何の場合を考えてみると、ユークリッド幾何は、一見きちんとできていて、書きかえ不可能な見本みたいなものですが、かなりの自由度があります。やはりこれはなかなかむずかしい問題ですが、PSSCのような試みがやれるようになっていったらいいと思います。そもそも教科書は、だいたい平均値のところをねらって書かれるわけだから、そんなにオリジナリティーのあるものはできないかも知れませんが、学校によっては、PSSCのような新しいいき方をやってみるところもあっていいのではないでしょうか。やはりここでひっかかるのは入学試験のことです。

オリジナリティーについていえば、いいかわるいかはべつとして、昔の教科書の体系——力学・運動力学から始まって、最後に、新しい原子物理学にくる。この順序を逆にする術もあります。自然の物理学の発展からみれば逆であるから、必ずしもそれがいいとは言いきれませんが、可能性はあります。たとえば力学を習ってたいへんむずかしいのは質量という概念です。これがもしも原子から入れば、たいへん簡単です。つまり、陽子と中性子の個数によって定義できるからです。物理の体系としては必ずしもいいとは言いきれませんが、化学となるとそうしたいき方がたしかに可能です。原子量とか化学にでてくるいろいろ重要な概念の定義は、歴史的にいくと非常に間接的な事実からでています。アボガドロの仮説が基礎になって原子量が定義されてくるが、前に述べたように、これを逆に、原子物理学からはじめると、原子量というのは、原子核の中の陽子と中性子の量によって決まる。このように非常に明確になります。

高校卒業後の生徒の進路――就くべき職業の種類や、大学に入るにしても理科や工科に進学する者もあるなど――によって、当然、要求、ニーズが違ってきます。画一的な教育では、先生がよほど生徒のニーズに応じて補っていく必要があります。ですから、極端にいうとある意味では、教科書はごく平均的なつまらないものでもいい、そのかわりに教師がそれぞれの生徒にふさわしいことを自由に教えられればよい。こういうことが、逆説的にいえると思います。つまり極端にいうと教科書などはどうでもいい、要は先生が独自に教えられるということです。ここでやはりひっかかるのは入学試験です。それに指導要領がきちっとできすぎていることです。指導要領にしても参考程度に理解して、自由にやれるようになる必要を感じます。大学の自然科学でない学生のための一般教養の物理学を書いたことがありますが、そのときは、内容はなにを書いてもよかったので、たいへん楽しく立案がやれました。

私は、あまり小学校、中学校の子どもたちに接触した経験はありませんが、小学校あたりでは、まず興味をもたせることが第一ではないかと思います。あまり、自然科学はこうあるべきだ、などという理屈をきいていたのでは、子どもたちはかえってきらいになってしまうでしょう。それには、小学校あたりでは遊びという要素を——そういう要素が物理学にはたぶんにあると私は思いますが——十分とりいれていく必要があるように思います。なぜそうなるか、という理屈は大きくなってからにして、現象そのものに興味をもたせていくことが大事なように思われます。

ちょっとした簡単な実験器具でも、子どものつくれるようなものがあります。簡単な物理の実験——実験といってもむずかしくしなくてもいい、たとえばレンズを組み合せて幻灯をつくるとかは、五、六年生でできます。現在市販されている、くっつければすぐにできるプラモデルでは、あまり教育にはなりません。

工作と理科教育の結合の試みなども考えていいでしょう。ものを作っていく過程で、なぜという疑問もいろいろでてくるものです。現在のように図画工作とせずに理科工作とするのもいいように思います。大学でも理工学部というのですから。工作といっても、彫刻や土器をつくったりするということは芸術教育にはいいでしょうが、科学という面から工作を見なおす必要がないでしょうか。私たちの子どものころは手工といっていましたが、楽しみの時間でした。学科以外に、ものを作ることが楽しみでした。工作とは多少違いますが、知人の数学者は子どものころ、金の棒に穴があいてナットで組みあげるおもちゃが大好きだったといいます。いろいろな長さの棒をいろいろな角度につなげ合せて形をつくるのが、たいへん好きだったというのです。抽象的な概念を構成して、いろいろなものを組みあげていく数学の思考、やり方と共通するものがあるのではないかと思います。

量子論の創始者のボーアは非常に抽象的、理論的な学者ですが、ボーアもまたおもちゃみたいなものをつくることが大好きでした。実験物理学者は、しょっちゅう自分でもものを作っているが、実験物理学者以外の物理学者でおもちゃの好きな人たちはたくさんいます。

最近市販されているおもちゃは精巧にできてしまっていて、おとなのおもちゃのようになってしまっています。子どももおもちゃ屋さんやデパートで見ているときは欲しくなっても、すぐ飽きてしまう。私は子どものとき、ギザギザのついたビールのふたのまん中に穴をあけて軸を通し、それを五個か六個をつなげて歯車をつくって楽しんだものです。残念ながらビールのふたの大きさはみな同じだが、もしいろいろな大きさのふたがあって、歯がかみあうようになっていれば、ちょっとした機械をつくることができて、もっと楽しかったと思います。また、板を組み合せて水車をつくって水道の所にもっていって回したのも、楽しい思い出です。私は京都のお寺に住んでいたのですが、そこに大工さんの工事場がありました。その工事場からいろいろな木の切れっ端やカンナ屑をもらってきてはいろいろなものを作ったものです。非常に手軽で規格化されているカマボコの板などもいい材料でした。今のプラモデルよりは、そうした身のまわりにころがっている物を使って作るほうが、子どもたちもほんとうの楽しさを味わうにちがいありません。ある程度子どもが喜ぶものをやらせて、ものを作ることに興味をもっていき、たとえ、荒っぽくてもかっこうわるくても、ものをつくることを大事にしたいものです。

子どものころ偉い人の少年時代の伝記をいろいろ読まされた記憶がありますが、ニュートンも模型づくりが好きで、ウインド・ミルの模型をつくっていたことなど、今でも鮮かに覚えています。

だいたい指先を使うのは脳の発達にいいといわれていますが、折紙は手先が器用になることのほかに、手先の数学的な感覚を養っていく。三角に折ったり四角に折ったりしていくうちに、いろいろな図形に変化していくわけですが、このことは特に図形に対する認識を与えていくことになります。自然科学とか数学の教育に関係があるのではないでしょうか。私も経験のあることですが、日本人が折紙をおっているのをみて、外国人はたいへんびっくりします。十五、六年前、ドイツへ行ったときある大学の自然科学のプロフェッサーの子どもに折紙をおってやったら、子どもはとても喜んで「教えてくれ、教えてくれ」とたいへんな興味のもち方です。教授も「これはとてもいい、あなた方はそれを学校で習うのか」というわけです。そこで私が、簡単なのは幼稚園で、少し複雑なのは学校で教えるところもあるし、学校で教えなくても家庭で母親がつくってやったりしている、と述べたところ、「折紙を、ぜひドイツの教育にとり入れたい」といわれていました。

小学校、幼稚園の時代はむつかしい理屈よりも、体、主として手を、理科とか数学に結びつけていくようなことが考えられていいのではないでしょうか。数をかぞえたりする器具もあるわけですが、このように直接数学に結びつくものではなく、間接的に数学的な考え方に結びついていくものを考えていく必要があるように思います。（談）

（注一）　アメリカで一九五六年に始まり、世界的に大きな影響を残すことになった物理教育改革運動の名前。ここでは、それが生み出した教科書をさす。

ＰＳＳＣは、その委員会の呼称 Physical Science Study Committee に由来する。教科書は『ＰＳＳＣ物理』(岩波書店、上は一九六二年、下は一九六三年)として副読本シリーズ(河出書房)とともに翻訳されている。ここで工夫された実験は現在の日本の高校物理の教科書に部分的にだが影を落としている。

『物理学読本』の記述にあたって

この案では、物理学の通常の分課法、即ち力学、熱学、光学、電磁気学等々の分課には拘泥せず、むしろ物理学の学的方法の特徴を最も明らかに浮び上らせるのに適当したいくつかの課目をえらび、各題目毎にそれぞれ閉じた記述を与えるようにした。即ち帰納、演繹、法則の発見と一般化、仮説の導入、間接的実験からの推理、直接的実験による験証などという物理学の極めて特徴的な方法によって物理的世界像が一歩一歩築き上げられる模様を、各題目毎に明瞭に示すように、案を立ててみた。それと同時に、学生が物理学からいたずらに高踏的な近よりがたいものであるとの印象を受けないように、学生に、日常親しい現象から入って行って、次第に物理学特有の概念に進むように、案を立て、また出来るだけ物理と日常生活との関連を強調して、学生に敬遠されないように、材料をととのえた。

学生の理解を十分にするためにも、また物理学に対する親しみを増すためにも、講義は、豊富な実験、デモンストレーション、図や写真を見せること等によって、補わなければならない。項目のうちで＊をつけたものは、実験又はデモンストレーションが望ましいものである。

各項目は、それぞれ閉じた記述であるから、そのどれかを省略しても、理論的関連にさしつかえることはない。ここにならべた項目は、一例にすぎないのであって、学生の興味や目的または教授各位の得意、不得意によって、適当に取捨し、そのウエイトを加減し、或《あるい》は他のものでおきかえられてよいことは勿論である。（付記した時間数は、全体を六単位にしたものである。）

一　月は何故地上に落ちてこないか
地球の重さはどうして測るか　（十五時間）

いくつかの現象から帰納的に法則を導出し、次第にそれを一般化し、演繹的に色々な現象を予測して、それを日常生活に応用するという物理学の特徴的な性格を、題目にかかげたような問題に関連して明らかにするのが、この項目の目的である。先ず、日常我々に親しい落体運動の現象的記述から、力学法則を導き出し、それの一般化によって、天体の運動に及ぶ。

(1) 落体*の運動。重い*物体は、軽い物体より速かに落ちるか。アリストテレスとガリレー。重力が落下の原因である。運動の数学的記述。

(2) 速度。加速度。

(3) 力。質量。重力。運動の法則。運動量。ヴェクトル。

(4) 投げ*られた物体の運動。その軌道*はパラボラ。軌道は正確には楕円の一部である。十分大きな初速度で水平に投げられた物体は、地表にぶつからないで楕円軌道をめぐる。

(5) 円*運動。向心*力。軌道が直線からずれて円形になる原因は向心力である。

(6) 水平に投げられた物体が地表にぶつかることなく地球をめぐる円運動を行うために、その初速度はどれ位でなければならぬか。

(7) 月の運動を支配する力は、地上の落体を支配する力と同じ起原のものである(例えば、木から落ちるリンゴ、(6)で述べたような投げられた物体)。ニュートンの発見。

(8) ケプラーの法則。惑星の運動を支配する力は、月の運動を定めるものと同じ起原である。万有引力。

(9) ケプラーの法則から逆二乗の法則を導くこと。太陽のまわりの惑星の運動。地球のまわりの月の運動。天王星の発見物語。

(10) 振*子の運動。

(11) カヴェンディッシュの実験。重力恒数の測定。

(12) 地球の重さ。

(13) 潮のみちひ。

(14) 重力の精密測定と地球上の意味。

(15) 地球自転の影響。楕円体。赤道に於ける重力は極におけるより小さい。

二　波の伝播。光が波であることはどうして結論されるか　（十五時間）

波の伝播という現象は、それ自体として興味深いものであるが、物理学では、直接目に見える波以外に、音や光が波であると主張される。この主張がどんな根拠によるか、をこの項目で必ず明らかにする。而《しか》して、物理学が、音や光の現象を単に我々の聴覚や視覚によって直接経験されるままの記述で満足しないで、それらの本質を波という形でとらえることの意味を明らかにする。一見何の関係もない電磁気現象やX線現象と光の現象とが、こういう波動的な像によってはじめて統一的に理解され、この理解によってはじめて光やX線が物質の原子的構造や原子の内部構造をうかがう有力な道具として使用され得ることがわかるのである。

(1) 水面の波*。波長。振動数。振幅。波の伝播速度。数学的記述。位相。振動数・波長・伝播速度の関係。
(2) 波の反射と屈折*。
(3) 波の回折と干渉*。
(4) 光の回折と干渉。小さな孔や障害物による回折*。二重スリットによる干渉*（ヤングの実験）。格子や網目による干渉*。光の波動論による説明。シャボン玉の色。
(5) 色と波長。干渉実験による波長の測定*。

(6) ドップラー効果。*音の場合。光の場合。星の速度がドップラー効果による色の変化で測られる。原子の速度も同様。

(7) 光波の伝播をエーテルの力学的な弾性振動として説明する試みとその失敗。光速度。

(8) *電磁場の概念。遠達作用と媒体を通じての作用。*電気は電場の源である。*磁極は磁場の源である。*運動する電気(電流)も磁場の源となる。*運動する磁極も電場の源となる。一般に電場の時間的変化は磁場を生じ、磁場の時間的変化は電場を生ずる(マックスウェルの考え)。電磁場の概念。電磁場の速度。

(9) *ヘルツの実験。レーダー。電波の速度。

(10) 電気振動。*LC* 回路。真空管内の電子の振動(回転)。原子内部の電子の周期運動。

(11) ラジオ波(*LC* 振動)。センチ波(真空管内の電子振動)。赤外線(原子分子の振動)。可視光線と紫外線(原子内の外層電子の運動)。X線(原子内の深部電子の運動)。γ線(原子核内の陽子の運動)。宇宙線(?)。

(12) X線が波である証拠。*光学格子と結晶による干渉。応用(結晶構造の決定)。

(13) エーテル問題。弾性説とその困難。電磁現象の媒体としてのエーテル。マイケルソン・モーレーの実験。エーテルは地球と共に動いているか、それとも静止しているか。エーテルの運動を決定しようとする実験の失敗。エーテルは動いているとか、静止しているとかいう属性を持っていない。相対性原理の誕生。

(14) 物理学の特徴的な性格の一つは、感覚的な要素(物体の色、音など)を波動というような非感覚的なものでおきかえる点にある。物理的な世界の中には音も色もない。感覚的要素を非感覚的なものでおきかえることは、第一に量的な取扱いを可能にし、第二に別々な感覚に属していたいろいろな現象を統一するに役立つ。こういう方法ではじめて物理学は統一的な精密科学になる。

註　(13)エーテルの問題はむずかしい問題であるから、完全な理解はとても望めない。或はこの項を省略してもかまわない。

三　原子論の発展　(十五時間)

近代物理学の大きな成果は、原子論の発展の上にたっている。物理学が単なる直接的な現象の記述だけで満足していたならば、こんな成果は得られなかったであろう。物理学者は、目に見える現象の背後に原子の世界を推定する。この世界は、始めは単にいくつかの現象をまとめて記述する便利な仮説と考えられていたであろうが、現在の我々にとって原子の存在は、太陽の存在と同じような確実なものである。ここでは、こういう認識に、我々が達した道行きと、それによって得られた成果とを明らかにすることに努める。

(1) ダルトン以前の原子論。レウキプスからデカルトまで。思弁的形而上学的原子論。連続と非連続。

(2) 我々の目に触れる巨視的世界のどこに物質の不連続構造の現われがあるか。*定比例及び倍数比例の法則。*結晶体の整数性。「有理指数の法則」。

(3) 気体の分子運動論。気体の圧力(ボイル・シャールの法則)。*気体の拡散と粘性。分子の不規則運動のエネルギーとしての熱。一自由度あての運動エネルギーの平均値が温度の尺度である。固体液体の原子論。蒸発と融解。

(4) 分子の箇数や大きさはどうして決定されるか。その速度はどれ位であろうか。アヴォガドロ数。

(5) 物理的世界に於いて、感覚的要素が取去られる第二の例。原子の世界には、暖かさや冷たさは存在しない。それらは原子の不規則運動でおきかえられる。原子は色もなく暖かくも冷たくもない、或るものである。

(6)　分子の構造。化学構造式。化学者は、試験管内で薬品をまぜたり分けたりする非常に間接的な方法で、分子の構造を推定した。ケクレの亀の甲。

(7)　物理学者は、不規則に運動する原子の存在をより直接的にブラウン運動*を顕微鏡で見ることによって推定する。アヴォガドロ数と原子の速度をブラウン運動から決定することが出来る。

(8)　より直接な実験。原子線を用いる実験。回転セクトルによる熱運動速度の決定。ドップラー効果による熱運動速度の決定。

(9)　物理学者はX線*を用いて固体の原子的構造を決定することが出来る。ブラッグとラウエ。X線によって物質の原子的構造を決定する原理の説明。例、C_6Cl_6 はケクレの推定の通りに亀の甲の構造を持つことが目に見えるように示された。いろいろな応用。

(10)　巨大分子。巨大分子は、直接電子顕微鏡で見ることが出来る。巨大分子の構造と重合物質の性質との関係。ゴム、人造樹脂類、繊維。ゴム弾性の分子論。可塑性の分子論。パーマネント・ウェーヴ分子論等。

⑾ 物理学に於ける原子論の意義とその成果。

四 エネルギーと人類の営み （十五時間）

物理学的な世界像に於いて、物質概念と同様に重要なものとして、エネルギー概念がある。ここではこの概念の発生と、その保存法則の演ずる役目を明らかにして、人間のあらゆる営みが、この法則によって規定され支配されていることを示す。

(1) 単一機械。*テコ。*斜面。*クサビ。*滑車。歯車。これらの機械は、すでに有史以前から用いられた。

(2) これらの機械は、何れも

*力 × 道程 ＝ 一定

の原理に基く。仕事の概念。仕事の例。物質を高所にあげる。弾性体をおしちぢめる。釘をうちこむ。正の仕事と負の仕事。

(3) 我々の経験によれば、静止している物体がひとりでにより高い所に上ることはない。物体が仕事するには、等量の(摩擦のあるときは、より多量の)仕事がどこかで補償されねばならぬ。

(4) 補償能力即ちエネルギー。エネルギーの例、高所にある物体、圧縮された弾性体、運動している物点(たとえば、打ちおろされつつある金槌)などは、何れもエネルギーを持っている。位置のエネルギーと運動エネルギー。数学的記述。*位置エネルギー＋運動エネルギー＝一定。

(5) 機械的エネルギーの保存。永久機関の問題。

(6) 摩擦のあるときは、機械的エネルギーは保存しない。

(7) *摩擦によって熱が発生する。発生した熱の量(熱量の単位)。熱は物質であるか、否それはエネルギーの一つの形である。ラムフォードの考察。

(8) マイヤーとヘルムホルツ。ジュールの実験。熱の仕事当量。

(9) 熱エネルギーと機械的エネルギーの相互転換。熱力学の第一法則。分子論的解釈。*気体を断熱的に圧縮すると、温度が上る。膨張させると温度が下る。応用(製氷、冷房、液体空気製造等)。

(10) 経験によれば、熱はひとりでに低温の物体から、より高温の物体にうつることはない。エントロピーの概念。エントロピーと機械的ポテンシャルとの類似。熱力学第二法則。第二種永久機関。可逆変化。非可逆変化。非可逆性の分子論的解釈。

(11) 熱機関。

(12) 燃焼による熱の発生。化学的エネルギー。食物のカロリー。

(13) 電磁気的エネルギー。電気力、磁気力に抗して仕事がなされると、その結果、電磁場にそれと等量のエネルギーが蓄えられる。逆にこのエネルギーが減少して、外部に仕事をすることが出来る。電気機関。

(14) エネルギーは質量を有するか、然り。相対律。

(15) 人類のエネルギーの源、太陽。

(16) 原子核エネルギー。太陽や星のエネルギーの起原。第二の火の利用。

註 項目(10)のエントロピーの概念を完全に理解することは、望む方が無理であろうが、エネルギーの転換に於いて、保存則以外にもう一つ現象を規定する法則があることを、注意することは必要であろう。項目(14)はやはりむずかしいから省略してよい。

五　電気振動　（十二時間）

電磁気現象は、我々文明人の日常生活に非常に密接な関係を持っている。しかし、これらの現象のあらゆるものを並べたてることは、いたずらに混雑するばかりであるから、ここでは電気振動という典型的な例について、統一的な考察を進める。

(1) *摩擦による電荷。*験電器。*電荷を蓄えること。*蓄電器。電位。電位差。電気容量C。

(2) *電池による電流の発生。電池の極には、実際に電荷が存在すること。電流の強さ。起電力。水流との類似。

(3) *オームの法則。*電流と電圧との関係。*電気抵抗。

(4) *電流の磁気作用。*コイル。*電磁石。

(5) *電磁誘導。誘導電流。誘導起電力。磁場の時間的変化が電場を生ずることの現われ。

(6) *自己誘導。自己誘導係数L。*電流の慣性。

(7) LC*回路。水流による類推。Lははずみ車を持った水車。Cは弾性膜を持った溜りにくらべられる。

(8) 右の類推によって、LC回路に電気振動の起り得ることを理解する。

(9) 三極管*の発明。

(10) 電磁波*と共振。ラジオ。ラジオの発明は、印刷術の発見にくらべらるべき文化的意義を持つ。

六　原子内部の構造　（十二時間）

原子の内部というような日常世界から遥かにはなれた微細な世界に、物理学者がどうして入りこんでゆくかを明らかにし、且つ、日常生活と一見縁遠いこのような仕事が、如何に我々の生活にはげしく影響するかを示す。例えば、原子エネルギーの発見はもちろん、最近の電子工業の発達、新らしい放射性元素の製造と利用などは、みなこの原子内物理学の発展の上にたっているのである。

(1) 十九世紀末期におけるいろいろな珍奇な現象の発見。真空放電*。陰極線*。カナル*

線。放射能 α β γ 線。

(2)　これらの珍しい現象の本質を明らかにするための物理学者の努力。陰極線とカナル線の本体。e/m の測定。α 線はヘリウム・イオンである。β 及び γ 線の本体。ウィルソンの霧箱。

(3)　電気の素量。我々の目に触れる巨視的世界のどこに電気の不連続性の現われが存在するか。ファラデーの電解の法則。イオン。*油滴実験による測定。

(4)　陰極線粒子。電子。e と m　*シンチレーション実験によって、陰極線が粒子からなることが示される。熱電子放射とその応用。

(5)　原子は構造を有する。原子から出る光は、原子内の荷電体の振動によるであろう。ゼーマン効果とそれによる原子内荷電体 e/m の測定。この荷電体は電子である。トムソン模型とナガオカ模型。ラザフォードの実験。原子核と惑星電子。原子は太陽系に似ている。

(6)　*スペクトル線と原子構造。ボーアの考え。ネオンサインと蛍光灯。

(7)　原子核の大きさはどうして定めるか。Z と A　同位元素。陽子。

(8)　原子の変換。放射能。原子核の人工変換。中性子の発見。プラウトの法則。原子核の構造。原子核は液体の滴に似ている。
(9) 核反応。人工放射能とその応用。
(10) 原子核分裂。原子エネルギー。第二の火の発見。
(11) 核力の場。

七 原子の概念と物理学の将来　（六時間）

今世紀の物理学に於ける大きな出来事の一つは、量子の発見である。量子の概念を完全に理解することは、専門家以外にはとうてい望むことが出来ないであろうが、量子について一言も触れないで近代物理学の特色を明らかにすることも不可能である。それ故、困難ながらある程度量子とは何を意味するかを講義の最後に触れておくことにする。量子というような敬遠されるに値するむずかしい事柄といえども、決して物理学者の頭の中や、実験室の中だけにあるものでなく、また日常生活に無縁のものでないことを、注意しなければならない。

(1) 光電効果に関するレナードの研究。波動論によれば、光のエネルギーは波動場のエネルギーとして、空間に連続的にひろがりつつ伝播する筈である。光電効果の結果はこれに反して、光のエネルギーは鉄砲玉のように点状に集中しながら飛来するようにみえる。エネルギーの不連続観。エネルギー素量。光の粒子性。光子。

(2) アインシュタインの関係。プランクの常数。光の色は光子のエネルギーで定まる。温度発光の色。光電管の発明とその改良応用。

(3) 我々の目に触れる巨視的世界のどこにエネルギーの不連続性の現われがあるか。光化学反応。紫外線に富んだ日光に数分あたると陽にやけるのに、赤熱したストーヴに数時間あたっても、色が黒くならないのは、光の粒子性の現われである。写真。

(4) 原子構造におけるエネルギーの不連続性。量子力学。

(5) 光の波動性と粒子性との衝突。光電効果と光の干渉実験との矛盾。

(6) 陰極線の干渉。陰極線の波動性。シンチレーション実験と干渉実験との矛盾。

(7) 粒子概念と波動概念との間の矛盾の分析。新しい概念、量子的波動すなわち量子的粒子。

(8) 量子論の発展の結果、どんな成果が得られたか。化学と物理の統一、物性論の発展。電子工業の進歩。その他いろいろ。

(9) 量子論の認識論的意義。量子論的世界には、もはや運動というものも考えられない。こうして物理的世界は、益々非感覚的になって行く。このことは、一方では、物理学の進歩が、我々に感覚の及ばぬ領域を支配する力を与えると共に、他方では、物理学的自然認識が一方的なものであることを示す。物理学は、今後この特性をいよいよ意識的におし進めて行くであろう。

註 この量子に関する項目は、相当難かしいことであるから、場合によっては、全部省略することも止むを得ないかも知れない。しかし、出来るならば、(1)から(3)位までの話は、どこかで触れておきたいものである。

(一九四八年)

これは「新制」大学・教養課程に向けた『物理学読本』(学芸社、一九四九年/みすず書房、一九五二年、第二版、一九六九年)の分担執筆のための朝永メモであるが、当時の一般教育研究委員会に委員・朝永が提出した教案とほとんど同じである。

一九四五年、第二次世界大戦に敗れた日本は、占領軍の指導のもと教育の制度も改めた。「新制」大学では教養教育を重視すべきことがいわれ、できたての大学基準協会に一般教育研究委員会がおかれて、教養諸科目の教案が議論された。朝永の物理の教案もその一つであり、文科系の学生も頭においてつくられたのである。因みに、委員会は文理共通に人文科学、社会科学、自然科学の三系列から各三科目以上の履修を義務づけるとしていた。外国語は道具とみて一般教育の外においた。

この教案は、朝永の門下生数人の分担執筆で『物理学読本』にまとめられ好評を博した。編者自身は「月は何故地上に落ちてこないか」など教案の要をなす問題提起に強い印象を受けたことを記憶している。新鮮な衝撃だったといってもよい。一九六九年にでた第二版が今日でも読み継がれているのもむべなるかなと思われる。——編者

わが師・わが友

わが師・わが友

大学に入ったけれど

古めかしい煉瓦建築の入口を入ると、灰色に汚れたしっくい壁の暗い廊下に、ほこりくさい空気がよどんでいる。この陰気で沈滞したようなふんいきが、大学に入ったときの第一印象であった。

今から思い出してみても、学生時代に楽しかったこと、生きがいを感じたことなど、一つもなかったように思われる。一つは健康のすぐれなかったせいもあって、何かわけのわからぬ微熱がつづいたり、不眠になやまされたり、冬は必ず二度も三度も風邪をひき、胃弱、ノイローゼ、神経痛、そんなぱっとしない状態がいつまでもつづいた。一方、講義はちんぷ平凡に思われ、物理学というものに大きなあこがれを感じていただけにそれは大変な幻滅であった。

中学五年生のとき、有名なアインシュタインが来日した。何もわからぬのにジャーナリズムはいろいろと書きたて、なまいきな中学生もそれに刺激されて、なんにもわからぬのに石原純先生の本などを手にしたりした。時間空間の相対性、四次元の世界、非ユークリッド幾何の世界、そんな神秘的なことが、このなまいきな中学生を魅了した。物理学というものは何と不思議な世界を持っていることよ、こういう世界のことを研究する学問はどんなにすばらしいものであろうかと思われた。

新しい量子力学が発見されたのは、一九二三―一九二五年ごろのことであったから、それはちょうど高等学校の学生時代のことであった。化学の講義で、原子構造の話などもでてきたが、講義では、ボーアの理論がさも新しいもののように話された。これはとても革命的な新理論で自分にもよく理解できない、と化学の先生は話をした。けれど考えてみれば、それはそのときすでに十年前に出ていた古い理論であった。

高等学校三年生になると、そろそろ自分の専門をきめねばならぬことになる。生物系へ進むものは動物解剖の実習などをやり、数物系へ進むものは力学をやる。どちらをやるか、いくらか迷ったが、ついに力学の方をやることにした。

その力学の先生は、そのときちょうど京都大学の物理科を出たての堀健夫先生であった。この先生は実験家であったが、力学の教えかたはなかなかあざやかで、講義などは一さいやらず、それは学生の自習にまかせ、教室では練習問題を解かせるばかりという斬新な方法であった。この先生は分光学が専門であったので、新しい量子力学にも関心があり、それに関することがらをこの先生の口を通じていろいろと聞くことができた。電子が波動であるという考えがあるということ、またマトリックス力学という、とてつもない新しい理論があるということ、それから、いま日本の大学でやっている物理などは、もはや古くさくてだめだというようなことがこの若い先生のことばからうかがわれた。

こんな背景をもって入ってみた大学では、実験室はうすぎたなく、ほこりにまみれた古めかしい機械で、ほそぼそとやっている古くさい実験、一方理論の講義は無味乾燥な数式の氾濫。それを一つ一つノートにうつしとっていく退屈な作業。あんなに神秘的に思われた相対論もここでは物理的肉づけも哲学的な考察も全くもたない、ただの数式のいじくりまわしにすぎない。電子が波動性を持っているとか、マトリックス力学というような、若いものの好奇心を極度にかきたてるような話は一かけらも出てこない。

しかし、この退屈な教室の中にも、沈滞の中にときどきふき込んで人々を生きかえらせる冷風のように、新鮮な空気のただよう時間もあった。それは岡潔先生と秋月康夫先生の数学演習の時間であった。何日も考えつづけて、むつかしい問題が解けたときのよろこびは、たとえ答のわかっている練習問題であっても、それは純粋に学問的な創造のよろこびに近い。

この両先生の魅力は、堀健夫先生の場合と同じく、みずから情熱を研究にささげているという点にある。その情熱が学生に伝わってくるのである。ときどきは御自身の研究についての話もきく。若い先生というものは、学生にわからせるというよりも、御自身の興味に溺れることもあるものだが、これがまたなまいきな学生にはたまらぬ魅力なのである。

大学三年生になって、身のほども知らず、新量子力学の勉強をやってみようと思いたったのは、新しものずきという、若気のいたりからであった。その時分、新量子力学を理解していた先生は教室には誰もいなかった。ただ二、三の野心的な先輩が独学でそれをやっていたのでその仲間に入れてもらい、いろいろと指示を受けた。田村松平さんとか、今はなき西田外彦さんなどが、この野心的モダンボーイの大将であった。このとき、同じ方面に関心を持つ同級生に、湯川秀樹さんがいたことは大きな力ともなり、大きな刺激にもなった。ときには刺激が強すぎて、いささか閉口したこともあったが。

身のほど知らずのむくいは、たちまちにやってきた。大学入学以来、病気ばかりしていたので、たくさんの試験が受けないままに残っていた。一年生のとき受けるべきものを二年に残し、二年のとき受けるべきものを三年に残し、などしていたが、三年生になると次の年に残すわけにいかないので、試験が山のように積み重なって、登山者の前に立ちはだかる巨大な岩壁のように目の前にたちふさがっていた。その上、量子力学の論文を読んで卒論を作らねばならない。何しろ量子力学はまだ出来たての学問であったので、それについての教科書などはない。原論文だけが唯一の資料である。ところが、論文というものは、教育用に書かれてはいないので、その理解には多くの予備知識を必要とする。そして、予備知識を持つためには、その論文に引用してあるおびただしい論文を一つ一つ読んでいかなければならない。そのおびただしい論文を理解するためには、さらにまたそこに引用してあるたくさんのものを読まねばならない。このようにして、読まねばならない論文の数はほとんど無限にひろがっていく。これは大変な仕事であることが、あとになってわかった。しかし今さらやめるわけにもいかず、全くやけくそのようになって、とにかく、まがりなりにも、何とか卒論をまとめ、試験もどうやらパスしたけれども、その結果見出したものは、全く疲労困憊し切った自分自身であった。劣等感のかたまりのようになった自分自身であった。

大学は出たけれど

卒業したが、就職口もみつからぬままに、無給副手となって大学に残った。相変らず健康はすぐれず、勉強の方も何をやってよいか暗中模索状態が続いた。量子力学はその頃すでに建設が終り、いろいろな方面への応用の時代に入っていた。あらゆる物理への応用が開け、毎月毎月現われる論文の数はおびただしいものであった。これら論文の洪水にまき込まれて、どちらを向いて泳いで行くべきか、ただアップアップする状態であった。

湯川さんは、この洪水の中ですでに自分の進路を発見していたように見えた。すなわち、次に来るものは原子核と場の量子論であるという見通しを、このときすでに立てていたように思われる。そして彼はこの方向に向って、着々と自分のペースで進んで行った。

彼とは同じ部屋をあてがわれていたが、彼は考えごとに熱中しだすと、机をはなれて部屋の中をぐるぐるとまわりはじめる。学問に対するこの傍若無人な集中ぶりは(ことわっておくが、傍若無人ということばの元来の意味は、かたわらの人々を無視するような粗暴な行ないをするということではなく、かたわらに人のいることも忘れるほど、何ごとかにうちこむことである、ということを漢文の先生にきいたことがある。ここはもちろんその意味である)たいへんなものであった。しかし、今だから白状するが、このぐるぐるあるきは、かたわらにいた気の弱い人間に対しては、いささかいらいらとした気もちを引きおこさせるので、こういうときには図書室へ居を移すことにしていた。さきほど、いささか刺激が強すぎると書いたのはこのようなことである。

湯川さんのこの勉強の進行ぶりに反して、不健康と無理な試験勉強ですっかり疲労困憊し、はげしい劣等感にとりつかれたものにとっては、そのようなむつかしい分野に進む野心はとても起らない。何かもっとやさしい仕事はないものか、何でもよいからほんのつまらないものたった一つだけでもよいから仕事をし、あとはどこかの田舎で余生を送れたら、などと本気で考えていた。こんな暗い日が三年間ほどつづいたが、こういう状態からぬけ出させてくれたのは、仁科先生との出あいであった。

仁科先生との出あい

当時、教室にはただ一人、その論文が外国でも引用されるようなオリジナルな研究をしておられる先生があった。それは分光学の木村正路先生であった。先生の専門は分光学の実験であったが、ちょうどそのころ海外視察に出かけられ、新しい量子力学が怒濤のように全世界の学界をゆさぶっている様子を見られ、日本も何とかしなければこの大勢から落伍してしまうことを、痛感されたようであった。そのころ、長い間ボーアのもとで量子力学の建設をその目で見、またその事業の一端をみずから担われた仁科芳雄先生が日本に帰って来られた。そこで木村先生は仁科先生を京都大学に呼んで、若い連中に対し量子力学の講義をすることを依頼された。

仁科先生の滞在は一カ月ほどであったと思う。しかしその短い間に先生のわれわれに与えた印象は、全く強烈であった。その講義は物理的肉づけと哲学的背景をたっぷりもったものであって、今までもやもやとしていたことがらもそれを聞いたとたんに明確になる、といったものであった。それにもまして、講義のあとの論議は忘れられないものであった。

クライン－ニシナの公式についてはわれわれもすでに学んでいた。このように、公式にその名前がつけられているような偉人はどんな人であろうか、と若い学生は考える。しかし一方、そのような世界的学者は、若い学生にとって一種の圧迫感を与えるものである。特に劣等感になやまされていた学生にとって、先生に直接質問をしたり、自分の考えを述べたりするようなことは、思いもよらぬことであった。

しかし、仁科先生は世界的学者ということから連想されるカミソリの刃のような印象からは全く遠い、温い顔つきと、全く四角ばらない話しかたをされるかたであった。その結果、何度かのためらいの後、そして大変な決心の後、講義のあとに質問や、こちらの考えなどを述べてみた。質問しようと思ってみたり、やはりやめておこうと思ってみたり、またそうしながらそんなにえきらない自分をはがゆいと思って見たり、あとから考えると、自分ながら何と愛すべき若者であったことよと思われる。

仁科先生は、このころ理化学研究所に新しい研究室を作る計画を立てておられた。そして理論面での助手として、この京都で会った若者を使って見ようと思われたらしい。東京へ出てこないか、そして自分と仕事をしてみないか、というお手紙がやってきた。しかし、何しろ田舎で余生を送ろうなどと本気で考えていた者にとって、これは全く力にある仕事のように思われた。理化学研究所は日本でも有数な学者の巣であって、そこには、天下の駿才が雲のように集まっているので、とても自分のようなものがその仲間に入れそうに思われなかった。

それではためしに二、三カ月来てごらん、と仁科先生は言われた。二、三カ月なら、まあ行ってみようか、と心が少し動いた。三カ月たって帰るときに、どうです、ずっとこっちにいませんか、と言われた。けれどもみんなすばらしい人ばかりで、僕なんかとても、ついて行けそうもないのです、と言うと、先生は、なに見かけほどではないよ、大した連中じゃないよ、と言われた。

理化学研究所

理化学研究所で驚いたことは、その全く自由な空気である。先生たちも若いものも、お互いに全然遠慮なく討論するそのありさまである。それからまた東京の連中の頭の回転の早いことである。セミナールはこの遠慮のない、血のめぐりの早い連中の全く形式も儀礼も無視した討論で、生き生きと進んでいく。中でも菊池正士さんとか藤岡由夫さんとかいう駿才は、無遠慮さにおいてその雄たるものであった。また、この二人の、外遊から帰って来たての何か新鮮なふんいきは大変に印象的であった。

この生き生きとした空気の中で、京都時代の重くるしい気分は、一枚一枚とうす皮をはぐようにとれて行った。健康もよくなった。研究所には、よく学びよく遊ぶ連中が大ぜいいて、アルコールの味や、寄席の妙味、ハイキングその他、演劇や音楽を鑑賞する楽しみ、そんな一般教養を京都出の田舎者につぎこんでくれる有難い先生がたには事欠かなかった。中でも竹内柾くんという、ちゃきちゃきの江戸ッ子は、研究室にぽっかり現われた珍しい上方人種に江戸的教養を授けるのに特に熱心であった。

仁科先生のお手つだいをするこの機会がなかったら、おそらく、予定コースどおり田舎で余生を送ることになっていたかもしれない。湯川さんのように早くから自分の進むべき路を見出すことができず、あれこれと迷っていた者にとって、それは決定的な機会であったと思われる。学問の上だけではなく、先生にはずいぶんと個人的に甘えたこともある。ドイツのハイゼンベルクの所に留学したとき、仕事の行きづまりを感じ、外国生活の心もとなさも伴って、いささか絶望的な気もちになったとき、先生からいただいた手紙のことは忘れられない。ここで、そのときのつたない日記を引っぱり出して、そのときの気もちを再現してみたい。

一九三八年十一月二十二日　仕事の行きづまりをうったえて、少しばかり泣きごとを仁科先生に書いたのに、先生から朝がたに返事がきた。センチだけれどもよんでなみだが出てきた。いわく、業績があがると否とは運です。先が見えない岐路に立っているのが吾々です。それが先へ行って大きな差ができたところで、あまり気にする必要はないと思います。またそのうちに運が向いてくれれば当ることもあるでしょう。小生はいつでもそんな気で当てに出来ないことを当てにして日を過していま す。ともかく気を長くして健康に注意して、せいぜい運がやって来るように努力するよりほかはありません。うんぬん。これをよんで涙が出たのである。学校へ行く路でも、この文句を思い出すごとに涙が出たのである。——滞独日記より——

仁科先生のことはまだまだ書くことが山のようにあってきりがない。そのほか、理化学研究所の古き良き時代におけるわが師・わが友の物がたりは、もっと文才とひまがあれば、めんめんと書いてみたい気がする。しかし、これですでに与えられた紙数の倍近くも書いてしまった。また、読みかえしてみると、わが師・わが友を語ると称して、実はおのれを語りすぎ、どうも恥かしいことになった。だからこのあたりで筆をおく方が無難であるように思われる。

仁科先生

昨年の十二月六日は仁科先生の還暦のお誕生日であった。そこでわれわれ門弟一同はささやかなお祝いのもよおしを用意していた。それは御不快というので延期になったが、そのとき、一カ月後に先生がなくなってしまわれようとは誰が想像したことであろう。先生は特別に健康に恵まれたかたであったし、しなければならないお仕事も山のようにあった。先生は実にお忙しいかたであった。そして死の直前までそうであった。科学研究所の社長（注一）、日本学術会議副会長、ユネスコ協力会会長、その他沢山の責任あるお仕事を引きうけて、どの方面でも他の人ではできない活動をしておられた。日本人の間ではまれにみる勢力（注二）、幅のひろい理解力、遠大な見とおしと、あくまでそれを実現しようとする熱意などで、先生は今の日本にかくことのできない人物であった。

先生が理研で宇宙線や原子核の研究を始められたのは昭和六年からである。今でこそこの部門は物理学の中心であり、主流であるが、当時この方面の重要性をみとめ、すぐに実行に移そうとされたことは、先生の遠大な計画の第一歩であった。当時はわが国の最も盛んな時代であったが、それでもこの大計画はなかなか実現困難である。人々の科学に対する認識は極めて乏しく、原子核とか宇宙線とかの研究はせいぜい学者の好奇心をみたすものと考えられていた。その研究の重要性をみとめるものも、その実現には、今までにない大きな装置と組織と研究が必要なものであることはなかなか納得されない。一般の人々がこういう純粋研究について頭にえがくのは、ファウスト博士の実験室と本質的には変らない光景である。日露戦争のあったのも知らない一人の学者が、うすぐらい実験室で何か微妙な装置をいじくっている。そのうちふとしたインスピレーションで何か大発見がなされる、というようなものである。

原子核や宇宙線の研究に要求される実験室はこんなものではない。それは何十トン、何百トンあるいは現在では何千トンもする巨大な装置と、天井には起重機をそなえ、コンクリートの壁で武装された大きな工場のような規模のものである。現在ではそういう工場さえ全研究組織の一つの単位にすぎない。そういう単位のいくつかが互いにデータの交流をやり、多くの学者がそれぞれの結果を検討しあい互いに討議しあって研究が進められていく。

こういう近代的の研究方法の必要を人々が理解するまでには大へんな努力が必要である。仁科先生はその勢力をまずこの仕事に費さねばならなかった。こうして理研に大小二つのサイクロトロンができ上り、またそういう近代的な研究組織が小さいながらわが国にでき上ったのはやっと昭和十九年のころである。もちろん、このことは仁科先生一人の功績に帰することはできない。それは多くの同じ考えをもつ我々の先輩たちに負うところが多い。しかしその中で先生が極めて大きな位置を占められたことは誰もが信ずるところであろう。

先生の見透しは時にはあまりに遠大すぎたこともある。特にわが国情においては、今少し近小の見透しであった方が実効があったと思われることもあった。小さいサイクロトロンが出来たなら、これをつかって小さいながらいろいろ有益な研究をすることもできたろうに、先生はそういう小成に安んずることを好まれない。高圧装置、高圧装置とさけぶかわりに、フェルミ(当時ローマ大学)のように少量のラジウムとベリリウムを用いて、ブリキ缶とタライだけの装置でノーベル賞級の仕事をすることもできたかもしれない。せっかくウィルソン霧函と電磁石とをつくったなら、あれで、たんねんに宇宙線粒子の吸収の実験でもつづけておられれば何かもっと有意義な結果が得られたでもあろう。ところが先生は、そういう地味な仕事は好まれない。いつもさきへさきへと急がれる。これは先生のパイオニア精神と、あまりに遅れていた日本の状態を世界の大勢に追いつかせようとせられた先生の行き方がそうさせたのであろう。

実際、先生の行き方は、仕事の実績よりも、まず必要なその土台を作ることにあった。この土台を作る仕事があまりに困難であって、それだけで手一杯であったのである。この困難はその時の日本の国情が負わねばならぬものである。当時大サイクロトロンを作るとなると、理研の原子核研究の全スタッフは、金策、資料集め、うけおい工場との交渉から、当然エンジニアのやるべき多くの仕事まで引受けねばならなかった。それらの人々が出来上って運転している小サイクロトロンを見すてねばならなかった理由はここにある。要するにわれわれは貧乏ひまなしであった。

まず土台を作るという先生の行き方であったから、そして、それだけで全勢力をうばわれてしまうのであるから、実際の研究の上で先生が独創的な考えをもって何事かを発明されたり、するどいひらめきで仕事を進められるというところまでついに至らなかったのは残念である。しかし先生にこういう能力がないわけではない。現に土台を作る困難の比較的少ない理論的研究では、先生は非常にするどいひらめきをいつも示された。

　貧弱な国情のもとでは、そんなに無理に世界の大勢を追いかけずに、国情相当の、ささやかであっても独自の装置なり創意なりで、十分大きな業績をあげることもできたであろう。フェルミの例でみられるように、それで十分に大きな仕事をすることもできる。現にイタリアの物理学者たちは、フェルミが典型的の例であるが、この行き方で宇宙線方面で偉大な業績をあげている。

　しかしこの行き方は小成に安んずる弊害がある。特にわが国のように、人々が世界の大勢に無智であり、大規模な近代的な科学の方法を知らない土地では誰かが先生のとられた行き方をすることが絶対に必要である。それは困難な行き方であったが、先生は必要の前ではいかなる困難をも辞せられなかった。

　これを先生は超人的な熱意と勢力とで遂行された。そのために個人的な生活をすべてぎせいにされ、文字通り寝食を忘れて勉められた。しかも、上にのべたいろいろな困難のために、近視眼的にみると、結果は悲劇的であった。あれだけの努力にくらべて、得られた学問的業績はあまり多くない。何の偉大な発明もないし、また地味ではあるが重要なデータの集積もない。ついに、研究者よりも計画家であり、発見やデータよりもサイクロトロンを作ることだけがそのお仕事の全部であったようにみえる。しかも、戦争という大きな障害にぶつかって、これからいよいよ研究にうつるというときにいたって、小サイクロトロンは空襲でやられ、大サイクロトロンは悲しい誤解のために破壊された。先生が戦争末期に、人に一筆依頼されたとき、「本来空」と書かれたという話があるが、先生自身、御自身の仕事のはかなさを感じられたのかもしれない。

しかし、ほんとに「空」であったであろうか。誰であったか、先生は日本の物理にとってはコロンブスであるとたとえた。コロンブスも貿易者としての成功者ではない。彼はありきたりの貿易よりもまず新しい航路を見出すことを企てたが、黄金国ジパングをついに発見できず、見出したものは当然貿易という見地からすれば未開の土地アメリカであった。しかしこのアメリカは後の代のものにとって大きな活動の地盤となったのである。

先生によって我々にもたらされたものは、学問的な発見よりも、サイクロトロンよりも、もっと貴重なものである。先生はわれわれの間に物理学研究の近代的な方法に対する自覚をもたらされた。この自覚によって、どういう結果があらわれるかは、われわれ次代のものの責任に残されている。先生の計画はそれほど遠大であったので、先生一代でそれは終結するようなものではなく、われわれ次の代まで引きつがれねばならないものである。

（注一）　科学研究所は、理化学研究所（理研）が一九四六年六月の占領軍指定によって解体された後につくられた株式会社。解体の理由は、いわゆる理研コンツェルンが集中排除法に触れるということであった。二五一ページを参照。

（注二）　精力のこと。第二次大戦中、政府が外来語を排したときエネルギーを勢力といった。その名残りか？

ニールス・ボーア博士のこと

原子の中では、それまでに知られていた物理法則と全くちがった法則、量子力学が支配していることを発見して、近代物理学の基礎を築いたニールス・ボーア博士は、昨年十一月十八日コペンハーゲンでなくなられた。写真は理化学研究所の長岡理事長が博士のなくなられる前の年にコペンハーゲンを訪れたときとってきたものだが、実によく博士の暖かい風貌をとらえている。

ボーア博士の量子力学の発見は、物理学界では革命的なできごとであって、アインシュタインの相対性原理の発見と同様、ただ天才の深い洞察だけがつかまえることのできたものであった。しかし博士は、その天才に加えるに、その人間的な暖かさによって、多くの後進を引きつけ、その門下からは優れた学者が雲のように現われた。博士の居られたコペンハーゲンは世界中の学者のメッカとなり、わが国からも、仁科先生はじめ多

自宅の庭でくつろぐボーア博士
(1961年長岡治男氏撮影)

くの人たちがここを訪れて博士の薫陶を受けたものである。

ボーア博士は昭和十二年に訪日されたことがある。東京大学で講演されたとき、筆者も、仁科先生のうしろになかばかくれるようにして、おそるおそるこの世界的碩学にお目にかかった。このとき、仁科先生の紹介で博士と握手する光栄をになったが、その大きな手のやわらかいあたたかさは今でもはっきりと記憶している。ボーア博士は、その頃筆者が仁科先生の御指導でやっていた仕事のことに言及されたが、筆者のトモナガという名がとても発音しにくかったらしく、タマノーゴと言われて、仁科先生の方を見ながら、ナカナカ、ウマク、イエマセンとでもいうような、やや困惑した表情で、いたずらっぽくその温顔をほころばされた。そのことも深く印象に残っている。

こうしてボーア博士にお目にかかった直後、筆者は渡欧したのだが、ヨーロッパに来たらぜひコペンハーゲンを訪ねるように、といわれた博士のおことばも、戦争勃発で実現できなくなった。終戦後はアメリカのプリンストンで博士にお会いし、また一昨年は、ベルギーのある会合でお目にかかり、そのときにコペンハーゲンに来ないかとおさそいを受けたが、それを果たすことができないままに、ついに博士はなくなられてしまった。こういうわけで、筆者は直接博士に接することきわめて僅かであった。しかし間接には、仁科先生はじめ、コペンハーゲンに学ばれた諸先生、諸先輩を通じて、博士の精神、いわゆるコペンハーゲン精神は知らず知らずの間に、筆者の研究生活に強く影響していることが今さらながらひしひしと感じられるのである。

ハイゼンベルク教授のこと

ハイゼンベルク教授がなくなられたのはこの二月であるが、新量子力学の端緒となった論文 Über quantenmechanische Umdeutung kinematischer und mechanischer Beziehungen を彼が発表したのは一九二五年のことであったから、世紀の大発見であるこの仕事からちょうど五十年目の年に彼は世を去ったことになる。彼はこうしてド・ブロイやシュレーディンガーとともに新量子力学の口火を切ったわけであるが、その後、彼の仕事のどれを見ても、量子力学発展のそれぞれの段階において常に先導的な役をしていることがあとづけられる。例えば、波動関数の対称性と粒子の統計の関係、強磁性体の理論、電磁場および電子場の量子化(パウリとの共同研究)、核力と核構造の理論などみなそうである。その他いろいろ重要な業績があるが、それらを通じて見られる彼の特徴はその具象性にあるといえるだろう。彼はいつも問題の本質を直観的にとらえ、それに生き生きとした物理的イメージを与えて表現する。だから読む者はその中から数々のヒントを得ることができる。一九三〇年代の中ごろまでライプチッヒの彼のもとに世界各国から多くの有能な学者が集まってきたのも彼のこの魅力によるものだろう。

ハイゼンベルク教授は理化学研究所と特別な関係を持っておられたといえるだろう。彼は一九二九年にディラックとともに日本を訪れたが、これは当時の理研の招聘によるものであった。このとき彼はディラックとともに量子力学の本格的な講義を行ったが、これはわれわれ年輩の物理学生に深い感銘を与えたものである。このお二人が、当時の理研所長であった大河内正敏博士や、そのころの長老であった長岡半太郎、本多光太郎、片山正夫の先生がた、杉浦義勝、仁科芳雄の中堅先生とならんで理研屋上で撮られた写真が残っているが、まだ二十歳代であったお二人の姿は特に印象深いものである。その後理研から、藤岡由夫、菊池正士、梅田魁、有山兼孝さんたちがハイゼンベルク教授のもとに留学している。筆者も一九三七—一九三九年ライプチッヒの彼のもとで仕事をしたことがあり、彼の豊かな人間性と、それと同時に学問に対する厳しさに深い感銘を受けたものである。

そのころのドイツはナチス最高潮のときであって、ハイゼンベルク教授にとって不愉快なことが少なからずあったように見えた。彼自身はユダヤ人ではないが、彼の学風がユダヤ的であると非難する大きな記事が当時の新聞に出ているのを筆者は見たことがある。一九三九年秋にはついにヨーロッパで戦争が始まり、その直前に筆者はドイツを去り、その後戦火は日本にも及んだ。しかし平和が回復して日本と外国との情報交換が可能になったころ、Progress of Theoretical Physics に載せた筆者の論文を見たというハイゼンベルク教授の手紙をちょうだいしたことがある。彼の手紙には、筆者の論文を見て「あなたの Lebenszeichen（注一）を拝見して大変うれしく思った」という意味の文章が書かれていた。

ハイゼンベルク教授を語るとき彼のピアノに言及しないわけにはいかない。彼のピアノの腕が素人ばなれしたものであることは藤岡さんや菊池さんから聞いていたが、一九六七年、日本にお招きしたとき、お別れのパーティーで彼はシューベルトのピアノ五重奏曲「ます」を日本の弦楽奏者と共演された。筆者にとってこの時が最後のお別れとなった。

（注一）　生きているしるし。

混沌のなかから
――湯川秀樹博士とのつきあい

「湯川秀樹博士とのつきあい」という題で何か書くように、ということだが、実はそれに類する思い出ばなしのようなものを既に二、三カ所に書いてしまったので、新味のあるものを書くのは大変むつかしい。ついこのあいだも田村松平先生をまじえて彼と京大時代の思い出ばなしを録音したりして、ここでも「つきあい」の一端にふれている。だからここでは思い出ばなし的なものはやめることにして、彼についての感想みたいなものでお茶をにごさせていただく。おそらく的はずれな感想だろうが、どうか御容赦を。

彼の仕事を通じて気がつくことは、モヤモヤとしたものをモヤモヤとしたままでとっつかまえて、あれこれ考えをめぐらす独特の型である。彼自身しばしば言っているが、彼は「こんとん」を愛している。「こんとん」の好きな人は少なくないが、彼の場合はこんとんが物理と共存している点で独特であるようだ。いや、こんとんの中からいつのまにか物理があらわれてくる。

考えていることがモヤモヤしてつかみどころのない例は、あまりできのよくない学生などによくあって、そんなときには、もっと明晰に考え、明晰に表現しなさいと文句をいうのだが、どうも彼の場合はちょっとちがう。彼の場合にはモヤモヤの中からナルホドと思わせる何ものかが、或いはナルホドと思えなくても、こいつは問題になるなと思わせる何ものかがあらわれてくる。

こんとんの中から物理があらわれてくる過程は一段一段とあとをたどれないような性質のもの(少なくとも凡俗な他人にとっては)であるので、ときに彼の言うことが何か神秘的に、或いは独断的に、或いは外からうかがいがたいものにみえる。このごろの彼は、若いときとちがって、これは独断かもしれないが、などと言いわけをつけることがあるが、多分じっさいは自信にみちているのであって、何もそんなに遠慮することはない。

彼は昔よくお公家さんのようだと評された。それは彼が和歌をよみ、書をよくするといった点からもきているのであろうが、彼の考えかたが外からなかなかうかがい知りにくい点、それから、彼の人柄にあるちょっとした近づきにくい感じ、それがそういう批評をよびおこしているようにみえる。つまり彼にはあけっぱなしの点とか、間のぬけた点とか、とぼけた点などがなくて、何かいつも正座している感じがつきまとう。もっとも近ごろはだいぶんにさばけてきて、講演などで人を笑わせる手をおぼえた。結構なことである。

彼に正座した感じがつきまとうのは、モヤモヤしたつかみどころのないものをつかまえようとする彼の思考形式と関係があるのではなかろうか。つかみどころのないものをつかまえるということは精神の非常な集中と執念を必要とするものであろうから、とぼけてなどいては成功しないだろう。要するに彼の流儀の中には遊びの要素の入る余地はないのだろう。また精神を集中するには強い執念をもって注意をいつも心の内に向けていなければならない。いきおい彼は内向的になり、彼の発言は対話的にならず独語の形をとる。これが近づきがたい印象を人に与えることもあろう。

湯川先生も近ごろはご多分にもれず身辺いろいろの雑用で昔のように学問専一とはいかないようだ。かくいう筆者も同様だが、還暦というものが、もう一度若いときにたちかえる、という意味のあるものなら、雑用など殆《ほとん》どなかった昔にかえって、もっと純粋な生活にもどれないものか。若い人たちよ、還暦の老人に対する最もよいお祝いは、これからは老人を雑用などでわずらわせないようにしてあげることだと思うがいかが。

素粒子論に新分野

——坂田昌一さんのこと

坂田昌一さんは私と同じ京大出身だが、彼は私より、四年後だったから、学生として一緒に講義をうけたことはない。私は卒業して三年後に仁科芳雄先生のいた理化学研究所へいった。翌昭和八年、坂田さんもやってきた。一緒に研究したのは、この一年余の短い期間だった。

昭和七年から八年にかけては、原子物理学でいろんな出来事があった。新しい発見が、ヨーロッパやアメリカで相次いで起った。たとえば中性子、陽電子が発見され、宇宙線の性質がはっきりわかってきたし、人工的に原子核をこわす実験も成功した。それから重水素が見つかり、物理学者にとっては緊張の連続した年であった。

宇宙線に興味をもっていた仁科先生から、宇宙線の中で陽電子がどのくらいの確率で発生するか調べてほしいといわれ、坂田さんと私が研究することになった。世界中の学者が同じように注目しているから、夏休みを返上してとりかかることにし、仁科先生と三人で、御殿場のＹＭＣＡの寮でカンヅメになって仕事をまとめた。

坂田さんは卒業後、初めて研究生活をしたので、おそらくこのころのことを非常に印象深く記憶しているのではないかと思う。私にとっても、研究生活、また遊びにもたいへん楽しかった記憶がある。

その後、坂田さんは関西へ戻り、湯川秀樹さんの手伝いをされ中間子理論のアイデアを拡張する手助けをされた。湯川さんはいちばん簡単な中間子モデル——スカラー・モデルを考えたのだが、実験結果に合わないところがあったので、ベクトル・モデルを使ってはというようなことで、湯川、坂田、武谷三男、小林〔稔〕さんらが一生懸命にやったわけだ。

実は亡くなられる前日、大阪から帰りに名古屋に寄ってお見舞した。坂田さんはすでに意識がなく、私が行ったことをご自身は知らないだろうが、奥さんからうかがった話では、うわごとにまで物理の話が出て「スカラーでは具合が悪いがベクトルだとうまくいく」と言ったという。おそらく中間子論のモデルを自分がやった、その仕事のことではなかったかと思う。うわごとにまで物理のことをいうとは、たいへん悲しいことだけれど、坂田さんらしいことだな、とつくづく思った。

坂田さんを有名にしたのは、太平洋戦争中に発表した二中間子論である。実験と合わない中間子論に、二種類の中間子という考え方をとり入れたのだ。ただアイデアを出したというのでなく、実験結果を細かく検討して、二中間子の根拠をひじょうに強調され、さらにアメリカで見つかった中間子と湯川中間子との関係を調べ、その相違も予想された。

最近の大きな業績は、彼一流の哲学にもとづくもので、数多い素粒子の中で基本になる重粒子は陽子、中性子、ラムダ粒子の三つであるという考え方だ。そのとき素粒子を分類するのに、群論の適用に目をつけ、未発見の粒子をある程度予言できるようになり、また実験でそれがみつかった。

その理論は完全であるとはいえないが、素粒子を三つの基礎粒子の組合せと考える考え方、そしてそれを取扱う坂田さんの数学的な方法は、その後世界中で流行した。昨年ノーベル賞を受けたマレー・ゲルマンの理論は、結局坂田さんの考え方を換骨奪胎したようなものだと、私は思う。素粒子論の中に新しい分野を広げる端緒となったという意味で、物理学の歴史の上で、大きなステップだと私は考える。

一方、坂田さんは多くの弟子を育てている。教育者として非常にすぐれていたといえる。また学術会議の会員として第一期から連続してつとめる珍しい経歴があり、コツコツ研究することのほかに、学問というのは、「こうなければならない」という主張を、学術会議を通じて社会に訴える気持であったと思う。

学術会議の中では、原子力、原子核の二つの特別委員会の委員長をしておられ、最近はやめておられたけれども、日本の原子力研究が間違った方向へ行かないように、それから原子核の研究も何とかして高い水準を保ち、もっと高いものにするための方法は何かということを、いつも考えておられた。

多くの人たちを養成したと書いたが、それは坂田さんが学問的にすぐれているという面だけではなく、人間的な魅力がもたらしたものだと思う。非常に純粋で曲ったこと、あいまいなことのきらいな性格であった。そういう点が若い人たちをひきつけたのだろう。

昭和三十三年の第三回パグウォッシュ会議に日本からの参加者の一人として出席され、日本でも湯川さん、坂田さん、それに私らが考えて、科学者京都会議をはじめた。その会議では物理学者だけでなく、人文・社会科学者、それに作家なども加わって、核兵器の問題、あるいは戦争とか平和のことを話合って、広く社会に訴えることもやった。

ここでも坂田さんの意見は、純粋ではっきりしていた。このことは、坂田さんが書いたものを見ても明らかで、あいまいさを好まない性格がにじみ出ている。

病気にかかられてからも、学術会議会員、名大理学部長として活躍され、大学問題が激しくなるまでつとめられたが、周囲の人があまりに気の毒だということで、部長の職をやめてもらった次第だ。

闘病中も、非常に明るくて病気の苦痛などはほとんど口にもされず、精神面でも少しも暗いところはなく、ふだん通りに研究をしておられた。私など、とてもそのようにできない気がする。まだ五十九歳、還暦前に亡くなられたことは、たいへん惜しいことだ。

私事にわたって恐縮だが、仁科先生のところで一緒に研究したときも、また別々に仕事をするようになってからでも、坂田さんの仕事に触発された研究が非常に多い。坂田さんの意見に賛成的に触発されたこともあるし、また反対的に触発されたこともある。それだけに私にとっては、得がたい人を失った感じだ。

プリンストンの物理学者たち

プリンストンの物理学者の話をすると、誰でもまずアインシュタインはと聞くから、アインシュタインから始めるとしよう。

アインシュタイン老先生はメンサー通りの神学研究所の隣りに住んでいる。プリンストンに着いた第一日。宿舎係りのセクレタリが私を自動車にのせて下宿に案内してくれたとき、あそこがアインシュタインの家ですよと教えてくれた。卵色にぬった小ぢんまりした木造の二階家である。この家の門のところに丁度この老先生が誰かと立話をしていた。研究所に通うのにこの老先生は決して自動車にのらないとか、研究所で決してエレヴェーターにのらないとか、そういう話をセクレタリがしてくれた。一マイルに近い路を彼はテクテクと研究所まであるく。この路はよく手入れした芝生のつづいた、かしやメープルの森であって、この老物理学者の歩むのにふさわしい静かな美しい路である。

すっかり白くなったあたまの毛はいつももじゃもじゃで、失礼なたとえだが、長い白毛のちんのような感じである。だぶだぶのずぼんをはいて、鼠色《ねずみいろ》のスウェーターをきている。自動車にもエレヴェーターにものらない彼はまた決してネクタイをつけない。

雨のふる日、研究所の若い物理学者が、自動車で出勤するとき、ぬれながらあるく彼を見かけて、どうです、おのりになりませんかと車をとめたら、いやありがとう、私はあるく、と答えたという話である。

天気のよい日曜日、この老先生がパイプをくわえながら散歩しているのに時々会った。あいさつをすると、うれしそうににこにこしながら片手をあげて会しゃくされる。怠けものの私が、午後一時ごろ出勤するときは、丁度この先生の退出の時間である。

高級研究所長(注一)オッペンハイマー先生は芝生をへだてて研究所に向いあった木立の中の白い官舎に住んでいる。ここでは時々カクテル・パーティが開かれて、われわれがお客さんによばれる。プリンストンについたその夕方、ヨーロッパのいろいろな国から来た人たちに引合せるから、やって来ないかと招待されて、御自慢のマルティニ・カクテルのお手なみを拝見した。私はかすかに針葉樹の森のようなかおりのするこのカクテルがはなはだ口ざわりのよいのと、英語の会話の下手さをごまかす苦しまぎれの策のつもりとで、思わず相当強いお酒をのみすごした。小さな坊やとお嬢さんとが、南京豆のお皿をお客さんにサーヴィスする役をした。

オッペンハイマーの家には大きなシェファードの犬がかってある。これがよく、研究所の彼のオフィスについてきて、セクレタリの机のよこでねそべっている。アメリカの犬によくあるように大きく肥え太って、中ぶくれにふくれて、はなはだにゅう和な犬である。

オッペンハイマーは非常にするどい人である。やせがたで背が高く、その青くすきとおった目がいかにもするどい。ここでも失礼をかえりみず動物をもってくるなら、あたかも豹《ひょう》のような、すばしこい油断なさを感じさせる。しかし、にこにこと笑ったときは、うって変って親愛さを感じさせる。不思議な容ぼうである。

コペンハーゲンからはるばるとやって来られたボーア先生は、前に東京に来られたときとくらべて大分老人になられた。まゆ毛が長くのびて目のよこにたれ下った感じである。少しばかりねこぜでいかにも暖かい感じがする。握手をすると野球のミットのようにあつく大きい手である。しかしこの老先生のお話ははなはだわかりにくい。お得意の相補性原理を中心にした講演が研究所であったとき、研究所のサロンはきき手で一ぱいであった。話の内容もむつかしいものながら、声が小さく、英語がわかりにくく、聴衆の中から「もう少し大きい声でお願い出来ませんでしょうか」とか、また、すぐ前の左の方にいる一部のきき手の方ばかりむいて語られるので、右がわの聴衆から「少しはこちらの方も向いて下さい」と、はなはだ失礼な要求が出たりした。

次の日、若い物理学者が、私に向って「ボーアの話はわかったか」と聞いたから「私にはあの英語は苦手だ」と答えたら、その若い物理学者は「自分ははじめデンマーク語かと思った」といって笑った。その若い人は英国人であったのだから、少なくともボーアの英語のわからないのは、私の英語が下手なせいではないと安心した。

このプリンストンの研究所には世界のいろいろの国から、いろいろの風ぼうといろいろの個性をもった、老若の学者があつまっている。それらの人々の特徴のある横がおをえがくことはおもしろいことであるが、もう頁数がつきたから、これ以上はまたのことにしよう。

(注一)　今日では、高等研究所という。Institute for Advanced Study.

ゾイデル海の水防とローレンツ

一九五三年にオランダの大物理学者、H・A・ローレンツの生誕百年祭があった。この機会に招かれてオランダに行ったが、そのとき、ローレンツがゾイデル海のダム建設に一役買ったことを知って大いに興味を感じた。先日、このことについて雑誌『科学』に短いものを書いたが、なおひろく人々に知ってもらいたい気がしきりとするので、『自然』から原稿依頼のあった機会に少し詳しく述べさせていただく。

一

ご承知のようにオランダは海よりもひくい国である。したがって国のまわりは堤防でかこまれている。それにもかかわらず、しばしば水害に見舞われ、そのたびに、多くの犠牲者を出した。一九一六年一月には北海からひどい高潮がおそってきて、ゾイデル海のまわりの堤防が二カ所やぶれ、アムステルダムの北方地方に大洪水がおこり、その犠牲は大変なものであった。

そこで、オランダ政府は根本的な対策として、ゾイデル海の入口をダムでふさぐ大計画をたてた。今までゾイデル海をめぐって作られていた堤防は弱い地盤の上に作られているので、それでは高潮をくいとめる力のないことが明らかになったからである。さらにこの計画の利点は、この新しいダムによって、ゾイデル海は淡水化するので、夏の乾期にかんがい用水の豊かな水源になることである。

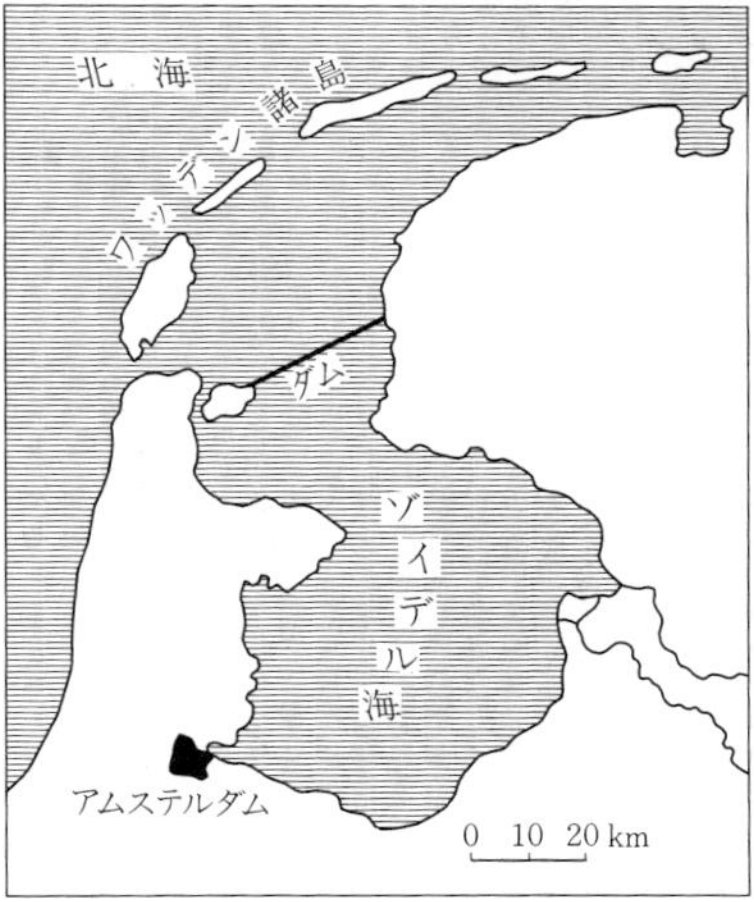

しかし、ゾイデル海の入口をふさぐとき大きな問題が一つある。地図をみればわかるように、ゾイデル海の北方に北海に面してワッデン諸島がならんでいる。この島々とダムとの間にはさまれた部分、すなわちダムの完成後ワ

ッデン海とよばれることになった部分の問題である。ダムを作ればこの部分の潮の上げ下げは必ず以前よりもはなはだしくなるにちがいない。したがって、このワッデン海沿岸の堤防はさらに高いものにしなければならない。これをどれくらいに見つもるべきか。

これについていろいろの説があった。ある説によれば、ゾイデル海をダムで仕切ってもワッデン海の潮の上げ下げは六インチ増すにすぎないという。またある説によるとそれは十二フィート以上にもおよぶという。これでは、ワッデン地方の堤防をどれだけの高さにするかきめようがない。いいかげんのままで、いいかげんの高さで工事を始めれば、もし低すぎるなら万一の場合に大変なことになる。そうかといって高すぎるなら莫大な国費のらん費になる。

こういう事態で、学者の見解が二つに分れたとき、予算のかからぬ方の説を採用したり、あるいは加えて二で割って、ただちに工事にかかるというのも一つの行き方かもしれない。しかし、オランダの政治家はそうしなかった。まずやるべきことは、この問題を科学的に研究することだというきわめて合理的な方針を採用した。一九一八年に、この検討のための委員会が作られることになり、政府は委員長にH・A・ローレンツを起用した。

ローレンツは世界的な大物理学者ではあったが、およそ土木事業に関心をもったということは聞かない。その仕事はマックスウェルの電磁気論の完成、エーテルの本質の究明、ローレンツ収縮、ローレンツ変換、電子論など最も抽象的な、純粋に理論的な、かつアカデミックなものばかりである。彼の仕事がアインシュタインの相対性原理という、これまた最も難解で高踏的な学説に引きつがれたこともよく知られている。土木事業に関する委員会の長として、土木学者でも機械学者でもないローレンツをえらんだことはオランダ政府の大英断であった。

ローレンツはこれが大変な仕事であることを知っていたが、自己の能力をこの大事業につぎこむことがオランダ国民としての義務であると考えて、これを引受けた。ついでに副委員長は土木工学者のウォルトマンであったことを付記しておく。

二

この委員会は一九一八年に発足して、結論を得るまでに八年かかっている。一九二六年の十一月にすべての報告書がまとめられてオランダ女王のもとに提出された。よくあるような単なる作文ではなくて、八年間研究に研究を重ねた報告書である。

ローレンツの仕事も、単に委員会を司会して「御異議はございませんか、それでは……」といったようなものではなかった。

まず仕事は検潮儀を方々《ほうぼう》にすえつけて行なう観測から始まった。どの場所にそれをおくかという検討も周密に行なわれた。この観測は委員会の工学部門によってもっぱら行なわれ、ウォルトマンがその中心人物となったが、ローレンツ自身も検潮儀の設計などをやって、一流エンジニアの腕のあることを示した。

これと平行して、それまでに発表されていたあらゆる文献、データの検討が行なわれた。統計をとる仕事のほかに、これらのデータを海洋学の面からと土木工学の面から批判的に研究を重ねた。

潮の上げ下げの問題は海洋学者にとっておなじみのものであったが、これまで海洋学者のやっていたのは深い海の問題ばかりである。つまり、水と底との間の摩擦が問題にならないような議論ばかりであった。これに対して水と底との摩擦の問題は土木学者にはなじみ深いものであったが、彼らのやっていたのは川とか運河の流れに関するもの、すなわち定常的な流れの問題ばかりであった。基礎方程式はもちろん知られていたが、島と島との間のすき間から浅い砂底の海になだれこんでくる高潮の動きにあてはめてそれを解くことは大変むつかしい問題であった。

一九二〇年にローレンツみずからこの問題と理論的に取組む決心をした。まず順序として、暴風時の高潮の問題はあとまわしにして、正常な潮の干満から研究を始める方針をたてた。水の摩擦力は流れの速度の二乗に比例するものだが、それでは問題が非線形になり、とても数学的に取扱えないので、ローレンツはある仮想的な一乗に比例する力でこれをおきかえる近似(注一)法を案出した。そしてこの近似法が果して妥当なものかどうかをU字管の中の液体振動の減衰の実験でチェックしたりした。

こういう数理的方法は現在でこそ土木工学者にとっても手なれたものになっているようだが、その当時、土木工学者にとってこれははなはだ手ごわい相手であった。しかしローレンツはそれらの人々をよく指導した。しばしば、ローレンツはこれらの人々を自宅によんで討論したりした。また彼みずから計算尺をとって計算したりした。

この方法を実地にあてはめる前に、まず、より簡単な地形の場所にあてはめて当否をしらべるという慎重な手つづきがとられた。第一にえらばれたのがスエズ湾であって、計算の結果と実際の観測とが比較された。一致は予想以上によいことがわかった。第二にえらばれたのは、やや複雑な地形のブリストル湾であったが、ここでも一致はきわめてよかった。

これら念に念をいれた予備的な検証に力を得て、いよいよゾイデル海の計算に入った。そして実測との比較によってさらに確信が深められた。

ここまでは理論の近似度の検証であって、本当の仕事はこれからである。ゾイデル海の入口をダムで仕切ったらどうなるかという予言に入らねばならない。すなわち、ダムの存在という新しい境界条件で計算をやりなおして、前の計算と比較することである。計算の結果、ゾイデル海を仕切ると、ワッデン海の干満の振幅が約二倍になることがわかった。

この事実は、定性的には予期されていたことであったが、定量的な点がこれで初めてはっきりしたのである。また計算の結果、予想外の事実も明らかになった。それは、ワッデン諸島の島々のすきまの流量が、ダムを作ることによってかえって増すという事実である。ダムを作ればワッデン諸島のうしろの海域はせまくなるから、この流量は減りそうなはずなのにかえって増すというのである。この不思議な現象の理由はなにか、いろいろ考えたがわからない。委員たちは困惑してローレンツにおうかがいを立てた。ローレンツ自身もこの意外な計算結果に驚いたが、約十分のうちにその理由をかぎつけた。

その理由は、北海から流れ込む潮の波と、ダムによって反射された波との干渉にあった。すなわちこの干渉の結果、定在波があらわれ、ちょうどワッデン諸島のところが波の節点になり、そこでは振幅は極小、その代り流量は極大になることがわかった。

わかってみればあたり前のことだが、この計算が行なわれるまでは誰も気のつかないことであった。このことがわかると、ワッデン諸島には高い堤防を作らないでもよいことになる。なぜなら、そこでは振幅が極小になるから。事実、このことが明らかになった結果オランダ政府は数百万ギルダーの経費節約ができることになったという。これはローレンツ委員会の大きな収穫とされている。

次の問題は暴風時の高潮の計算である。この計算は一九二一年から始められたが、それには今までの計算法では不十分である。問題は周期現象ではない。したがって、今までやっていた(注二)ハーモニックを取出してやる議論ではだめである。また一乗摩擦力で問題を線形化することも今度は許されない。

さすがのローレンツも、この問題に適切な解法をみつけるのに一九二五年までかかった。この方法の詳しいことをここに述べる必要はないが、とにかくこの方法によって暴風時の高潮の問題に解答が与えられた。もちろん、暴風というものは来るたびにちがった形でやってくる。したがって、過去の記録からいろいろな場合について計算をやらなければならない。この仕事は他の委員会にゆだねられた。

こうして一九二六年に長い業務が終った。報告書の半分以上が、ローレンツ自身の筆によるといわれている。

その後、この報告にもとづいて、一九二七年から実際の工事が始まった。初めこの工事に九年の日時が必要であると考えられたが、工事が順序正しく科学的な計画で行なわれたために、一九三二年にすでにダムが出来上ったということである。すなわち予定より四年早いわけである。

ローレンツの計算結果はその後暴風のくるごとに検証されている。とくに一九五三年に南オランダのロッテルダム地方に大洪水を引きおこした高潮があったが、このとき、ワッデン海の高潮はローレンツの計算と驚くほどよく一致したという。もちろんワッデン海、ゾイデル海の沿岸にはローレンツのおかげで何らの被害もなかった。

三

このごろ、わが国では原子炉の安全性の問題とか、伊勢湾台風の被害にからんで災害予防の問題とか、いろいろな問題が起っているが、以上オランダでの例からいろいろと教訓を引出すことができそうである。

この教訓は明らかだと思うが、何より気がつくことは、驚くべき科学性である。試行錯誤というやり方も場合によっては必要だが、このときのやり方は一度に成功する方法である。そのためには、科学的な研究が必要であって、ローレンツは近道をとらず、あたかも精密科学のように順を追って問題ととり組んだ。まず基礎方程式をたて、それの近似法を考え、その近似の度合を実験でチェックし、次に簡単な場合から次第に複雑な場合に、一つ一つ実地の観測とてらし合せ、十分な確信を得てから本論にとりかかった。このとき、彼が理論物理できたえた数学の腕と、物理的な感覚と直観力が大いに物をいって、今までの海洋学者と土木工学者には全く手におえない問題が解かれていった。このローレンツの力と熱意とからわれわれは大いに学ばねばならない。

次に、この大事業をこのような科学的なやり方で出発させたオランダの政治家の識見に敬意を表さざるを得ない。ローレンツを起用したのは彼らの大きな手柄である。そして、急がずあせらず、八年もの検討をローレンツに許した度量と科学者に対する信頼とは範とすべきだと思う。またローレンツの指導のもとにそれに協力した多くの技術者たちの功績も大きなものであるにちがいない。

とにかく、これは政治家、科学者、技術者の最も美しい協力の例であり、それがまた驚くほどみごとに成功した例である。

以上は、ローレンツ生誕百年祭にあたって出版された“H. A. Lorentz, *Impression of His Life and Work*”という本の中のJ. Th. Thijsseの「ゾイデル海の閉鎖」という論文をもとにして綴ったものである。このThijsseという人はローレンツと協力してこの仕事をした工学者であるらしい。この人がその文章を終るにあたって次のように述べている。

Lorentz put a whole section of engineering on a scientific foundation. After the Zuidersee we know that even in very complicated cases it is possible to stick to a strictly theoretical method, that approximations, which are always necessary, should be justified and their consequences checked. Half a century ago many operations were jumps in the dark indeed. ...... Now this is calculated in advance. ......

わが国のいろいろな operations は現在でもなお jumps in the dark のように思われてならないが、これがもしまちがいであれば幸である。

（注一）　ローレンツが電子論の中で輻射の反作用の扱いのために工夫した近似法の応用と思われる。

（注二）　振動数のきまった運動。

楽園

研究生活の思い出

思い出と申しますと、とかく自分一人で楽しんでいて、聞いているほうは一向におもしろくない、ということになりがちです。きょうの話もそういうことになるかもしれませんが、ご容赦いただきたいと思います。

そういうわけで話は個人的な追憶になるかもしれませんが、こういう話をいたします申しわけが二つあります。その一つは、わたくしがはじめて研究らしい研究をしたのは東山荘であったという点でＹＭＣＡとご縁があるということ。もう一つは、わたくしが研究生活に入りました時期が、ちょうど物理学において非常に大きな変化があった時期だったということ。その意味で、個人的なこと以外に物理学の移り変わりを、思い出を通じて少しお話ししてみたいと思うわけです。

一

わたくしの研究生活は、大学を出て、しばらくブラブラしておりましたけれども、出てから四年たちまして、昭和七年に東京の理化学研究所というところへ出てきたときに始まります。この昭和七年という年に――もちろん、アメリカやヨーロッパの研究でございますが――物理学上の非常に大きな発見がいっときに出てまいりました。

わたしの専門は原子物理学ですけれども、それまで物理学は原子とか分子とかいうものを主に扱っていたのです。ところがその発見をキッカケにしてもっと奥のほう、つまりいまのことばで申しますと原子核――原子のなかの一番奥に非常に小さい粒子があるのですけれども、そのなかがどうなっているかということに踏み込みました。

この原子核のなかがどうなっているかということは、それまで全然わからなかったのです。これがキッカケになって原子エネルギーというものが出てまいりましたので、そういう意味で、社会における物理学の位置づけが非常に大きく変わった。結局、われわれが扱う問題が、原子の奥のほうへ進んだことと、そして、それからほぼ十年後になりますが、この原子核の研究からは原子力の発見が生まれてきて、物理学が人間の社会に対して非常に大きな影響を与えるようになった。そういう大きな出来事もその端緒をさぐると、この昭和七年であった。そういうわけでこの年を境にして原子核物理学がだんだんと大きな脚光を浴びるようになったのです。

二

その頃、日本でも、やはり、原子核のなかをもっと研究しなければいけないという気運が、まず学者のなかに起こってきました。しかし、これは、全く、日本の物理学にとって新しい研究領域であったのです。それでその移り変わりのときに、いろんなことがありました。わたくしが理化学研究所へまいりましてまず驚きましたことは、理化学研究所の学者たちが、こういう新しい発見に異常な関心を持ったということであります。

こんな発見はいくつかありました。専門的になりますが、どんな発見があったかをちょっと申し上げますと、一つは、普通の水素の二倍の重さのある水素がアメリカで発見されたことがあります。もう一つは、陽電子といいまして、普通の電子はマイナスの電気を持っているのですが、プラスの電気を持ったものが存在するという発見がありました。これもアメリカであります。またもう一つは、イギリスになりますけれども、水素の原子核と同じ重さを持った新しい、中性の粒子が見つかった。

水素の原子核というのはプラスの電気を持っていますけれども、新しい粒子は電気を持っていないという点で水素の原子核とは違うのです。でも、重さがほぼ等しいことがわかりました。そういう粒子が発見された。これは「中性子」と名づけられました。中性子がのちに原子力に関連して非常に大きな役目をするのですが、その話はきょうは申し上げる時間はないと思います。とにかくそういった発見がありました。

この自然界にはいろいろな原子核があるのですが――例えば、酸素の原子核とか、鉄の原子核とか、原子核は元素によって違うわけですが、これに、例えば水素の原子核をぶつけて壊す装置がイギリスで発明され開発された。だいたいこの四つ、五つのことが大きな発見のあらましなのであります。

いずれも、これは原子核に関係のある発見でありますので、この時期を境にして原子核物理がどんどんと盛んになってきた。こういう情報が専門雑誌や何かにいろいろ載せられまして、日本にも伝わってきたのであります。

三

理化学研究所のなかでは、毎週一回ぐらい輪講会という会があります。輪講というのは、ご承知かと思いますが、順番に当番を決めておきまして、外国から(あるいは国内でもいいのですが)いろんな研究発表の論文がまいりますと、当番の人がそれをよく読んで皆にそれを紹介する。一人で何もかも全部の論文を読むことはできませんので、当番を決めて毎週読む会であります。

そこでいろいろな発見が紹介され、そのあと皆で、ああでもない、こうでもないという討論が始まるわけです。それが非常に熱っぽくなってきた。こういうふうに発見が次々に、二た月か三月おきに、伝わってくるわけですから、皆大へん興奮いたしました。昭和七年はこういう年であったわけです。わたくしはそういう大へんな年に研究生活を始めたことは非常に幸福だと思っております。

そのとき、輪講会で出ました話の様子をちょっと具体的に申し上げてみたいと思います。いま、原子核を壊す装置がイギリスでできたといいましたが、そういう情報が入ってきます。まず、その機械の構造——どういう設計であるかということに関する発表が、昭和七年の春頃入ってきました。それを使ってどういう実験が行なわれたかというその結果は昭和七年の秋頃にきたのですが、まず、機械の構造に関する論文がまいりまして、皆でそれを大いに討論しました。

その頃、やはり、原子核を壊す機械を何とかして作りたいというのは世界中の関心でありまして、いろいろな案が考えられておりました。

原子核を壊すと申しますが、それはどういう原理であるかと申しますと、真空の箱を作りまして(箱といっても格好はいろいろですが)、そのなかに、さっき申しました水素の原子核のようなものを送り込むわけです。そうしてそのスピードを上げてやり、走らせるようにするのです。粒子が非常に速く走りまして、例えば、酸素とか、あるいは鉄とかいうほかの原子にぶつかりますと、そのぶつかられた原子核は壊れる。ですから、問題は、真空のなかで弾丸になる粒子をどういうふうにして走らせるか、どういうふうにしてスピードを上げるかということが問題なのであります。ところが、弾丸に使います粒子は、例えば、水素の原子核を使いますと、それはプラスの電気を持っていますから、真空のなかにプラスとマイナスの電極を置いて、そこに非常に大きなボルトをかけますと、マイナスの極のほうにだんだん引っ張られてスピード・アップしてくる。原理はそういうことであります。どれぐらいの電圧、あるいは別のことばで申しますと、どれぐらいの電位差が必要かと申しますと、百万ボルト以上ないとぶつかって壊すだけの力はつかない。ところが、真空のなかに百万ボルトの電位差を作ることがなかなかむずかしいのであります。

もちろん、その当時、すでに相当大きな、何万ボルトとか何十万ボルトとかいう電位差を作る装置がありました。これがどういうところに使われるかと申しますと、例えば、高圧線の碍子が電気を通しては困るので、高い電圧の電気にどれぐらい耐えるかということです。それから、よく、送電線に雷が落ちる、あるいは変電所に雷が落ちて機械を壊すようなことがありますので、雷対策をする必要がある。そういう試験をするために非常に高い電圧を作る。これは非常に大型な機械になるのですが、そういう機械があり、日本もたしか芝浦電気にそういう装置がありました。そういうものを使うのが一つの手でありますが、この装置はほんの一瞬間だけしか高い電圧を作ることができないのです。われわれが使う装置は一瞬間だけでは困るので、百万ボルト程度の電圧を相当な時間持続して作らなければいけない。そういうわけでいまの雷対策の機械はこの実験に使えない。

そのほかいろんな装置があるのですが、ある程度成功したのもありますが、それまではまだそれを使って原子核を実際に壊したというそういう成果は得られない程度にしか発達していなかった。

四

一つ非常にとっぴな考え方がありました。さっき雷の話が出ましたが、この考えは逆に雷を使おうというのです。昔、フランクリンが雷の雲の中にたこをあげて雷が電気だということを発見したというのですが、これをもっと大仕掛けにして……。これはドイツの学者なんですが、実際にスイスのアルプスの山のなかに高いアンテナを建て、アンテナの間へ針金を引いて、針金から地面の上の実験室内に電気を持ち込もう、というのです。

雷の発生するときには雷雲のなかの上のほうと地上とに非常に大きな電位差が出るわけです。ですから、雷が落ちたりするのですが、それを針金で実験室のなかへ持ってこようと計画した人があります。ところが、これはうまくいきませんで、この実験をしているときに、雷の神さまのごきげんが悪かったとみえて、とうとう学者が一人、雷神の怒りに触れて死んでしまったという笑えない事実があったのです。日本でも、理化学研究所のわたくしの先生ですが、仁科先生という方が何とかして加速器を日本でも作りたいというのでいろんなことを計画されたのです。

実は、研究室の若いのが、先生に、お前ひとつ赤城《あかぎ》の山へ行って雷をつかまえる実験をやらんか、といわれて、それだけはカンベンして下さい、といって引きさがった話があるのですが、そうこうしているうちに、ドイツの、アルプスでそういうことをした学者が死んだという話があって、仁科先生もそういうことを若い者にやらせて死なれては困ると思ったのか、その計画は引っ込めた。

そういう状態のときにイギリスの情報が入ってまいりました。そうして、その機械の設計をいろいろ調べてみましたところ、着想がとてもいいものでありました。それまでいろいろ考えられた機械は実に大げさで、しかも大げさなものであったわりにうまくいかない。そこにはいろいろと問題が多かったのですが、このイギリスの機械は非常に巧妙なアイディアの機械であって、いままでいろいろ考えられたような大げさなことをしないでも、百万ボルト近い電圧が作れるものだということがわかったのです。それで、これが大へんなセンセーションを起こしまして、こんなに簡単——というわけでもないのですが——大げさでなくてできるなら、これなら日本でもやれそうじゃないか、ということになったわけです。

五

しかしながら、イギリスで開発された電圧を作る装置はそう大掛かりなものではなかったのですが、今度、その電圧を真空の箱のなかにかける。その箱の構造がまたいままであまり考えられていないような構造を持っている。

真空の箱と申しましたが、箱というと、何か四角い感じがいたしますが、だいたい、それまで、真空管とかいろいろあるが、ガラスで作ったのです。ガラスを、空気を抜いてから密閉して真空の容れものを作る。そういうのが普通だったのです。

ところが、イギリスで作られました装置を見ますと、いままで皆があまり考えていなかったような作り方なんです。それは、直径が四十―五十センチぐらいで、長さが一メートルちょっとのガラスの円筒です。円筒を板の上に置きまして、その上にまた板をおき、またその上に円筒を重ねるという構造なんです。密閉していないのです。密閉していなくて空気が洩れないというのが大へんむずかしいことらしい。もちろん、いままでも、必ずしも密閉していなくて、例えば二つのガラスの管をすり合わせてうまくつなぐ。例えば、ネジをあけたり締めたりする必要のある場合にはそういうことをするのですが、ピッタリ合うようによくすり合わせて、そこへグリースのような油を塗ってはめ込むというやり方はいままでもしばしば使われていたのですが、それをもっと極端にしまして、相当大きな真空の箱がいるわけです。それを、いくつかの円筒を重ねて作ろう。もちろん、継ぎ目はゴムか何かで十分キュッと締めるようにするわけですが、いくらうまくやりましても、どこかに隙間ができる。それだのにイギリスからの情報によると、それをうまく作ると空気が洩れないと書いてある。そうして、空気が洩れたら、その場所にアピエゾンとか何とかいう薬をちょっとつけると洩れが止まるという。アピエゾンて、そんなうまい薬があるのか、いったいどんなものだろう、ということで寄ってたかって議論してみた。

いままで、グリースを塗るとか、ちょっとした隙間があるとロウをとかしてそこへ筆で塗ると止まるということはやっていたのですが、とにかく、アピエゾンという薬は非常にうまくできているらしくて、空気の洩れがそれでピタリと止まるという。

そういうわけで、わからないことがいろいろある。それで、皆でいろいろ想像たくましく議論したわけですが、結局、そのアピエゾンという薬はどんなものか買ってみようということで、ちょうど物理学、化学で日本にないような薬をしょっちゅう頼んで取り寄せる商人が出入りしておりますので、それに頼んで買ってみようとしたことがあったのです。

六

ところが、それじゃ、日本でガラスの筒を作れるかということが問題になりました。昔は板ガラスを作るのに、まず、ガラスを円筒で吹いて、円筒形のビンのようなものを作り、その頭とおしりを切り、タテに切れ目を入れて広げるような作り方をしていたのです。だから、ガラスのそれぐらいの大きさの筒を作ってくれる会社はもちろんありました。

しかし、板ガラスを作るときの円筒形というのはそんなにやかましくまん丸でなくてもいいのです。少しぐらいいびつでも、どうせ広げてしまうものですからいいのですが、いまの要求される円筒はまん丸でなくては困る。少し楕円形につぶれておると、なかの空気を抜けば圧力が四方八方から均等にかかりませんから、圧力で少しひずむ。ひずむとなぜ困るかというと、ひずみますと、上に筒を重ねるので、上の筒と下の筒がひずみ方が違いますと継ぎ目がうまく合わなくて、そこから空気が入る。そういうわけでまん丸の筒でなければ困る。

もう一つは、ガラスを吹いて、冷やすときにその熱処理が非常に大事でありまして、へたに冷やすと、もちろん、ガラスはピンと壊れてしまうし、壊れないまでも非常にうまく冷やしませんと、中に目に見えないひずみができるわけです。

板ガラスを作るときには、そういうひずみがあっても、もう一ぺん熱くしてやわらかくして広げるわけですから、あまり害にならない。ところが、いまの場合にはもう一ぺん熱くして広げるわけではないので、熱処理を非常にうまくやりませんと、空気を抜いたときに壊れるおそれがある。そういう問題があるわけです。

メーカーのほうで、ガラスの筒は作ってくれたのですが、いままで必要がなかったわけですから、それほどまん丸くできているかどうか、あるいはなかにひずみがあって、空気を抜くと壊れるかどうかという検査をする装置のようなものが、その工場にはないわけです。作ってもらったガラスの筒を理化学研究所に持ってきまして、研究所の人がそういう検査をしなければいけない状態でありました。

それから、実験に必要ないろいろな真空管なども、いまは真空管はいろんなタイプのものがありまして、それぞれの特性がちゃんとわかって、この真空管はこういう特性を持っている、こっちの真空管はこういう特性を持っている、ということで、われわれがどういう特性を持った真空管がほしいかをいいますと、その真空管の番号をカタログで調べて注文すればすぐ届けてくれるのです。しかし当時はそういうわけにいかないというので、真空管であるとか、あるいはいろいろな機械や、いろいろなこまごましたものをみんな自分で作らなければならない状態だったのです。

そういうわけで、その頃の人たちは、とにかく、イギリスで開発された機械を日本で作ってみようということになりました。しかし、そのためにどこのメーカーでそういうものをやってくれるだろうかということを調査したり、あるいは、とにかくまがりなりにも作ってもらったものが、性能がどうであるかということを自分の手でいちいち調べなければいけない。

ですから、物理学者は、物理の実験だけやっていればいいというわけにいかないので、機械の製作、設計、そのほか、現場の技術者となってやらなければいけない。そういう非常な苦労があったわけです。

実験の人たちはそういういろんな苦労をしたわけですが、わたくしは実験のほうは専門じゃないので、実験のかたがたが苦労している最中に、東山荘あたりに来まして、勉強もしましたが、きょうここにおられる秋山君なんかと一緒に大いに遊んだのです。

実験の連中は、理論の連中はケシカラン、研究所の金で夏は涼しいところへ行って、半分は勉強しているが半分は遊んでいる、というようなことを陰でコソコソいっていたそうなんですが、とにかく、外国より日本が遅れていた分野を開拓していこう、日本でもやっていこうとする場合に、一番はじめに手をかける人たちは大へんな苦労があったわけです。

一番はじめに手をかけた人が一番早く始めたからいい、ほかより一歩先んじた、という見方もできますが、それがまた、なかなかそうはいかない。現に理化学研究所のわたくしの先生の仁科先生が一番はじめに手をつけられたわけですが、何といっても、外国では、もう一歩も二歩も先に始めているわけで、仁科先生の研究室でいろいろそういう苦労をしたあげく、機械を作って、そうして実験をやってみても、そうしておもしろい結果がでたから発表しようと思っているときに、それぐらいのことはすでに外国で同じようなことがやられてしまって発表されてしまうようなことがしばしばあったわけです。

向こうに先手を打たれて、苦労して機械を組みあげ、さあ、これからこの研究をしようと思っている矢先にこっちでやろうとしたことを向こうで先にやられて、発表されてしまうようなことがしばしばありました。ただ一つだけ向こうが先でよかったというのもありましたが、それはさきほどの雷の実験のことです。ドイツの学者が感電して亡くなったということ、それだけは後手《ごて》になってトクをした。しかし、後手になって損したことが非常に多い。

そうこうしますうちに、いろんなところへ新しい大学ができたり、新しい講座ができたりいたしました。ですから、理化学研究所以外の大学等でこっちの原子核の物理の研究をやろうという考えがあっちこっちで出てまいりました。そうしてその頃になりますとガラスの筒などもそんなに苦労しないで、メーカーのほうでわりあいいいものが作れるようになってまいりましたし、真空管などもいろんな種類のものが手に入るようになりました。

そういうわけで、ほんとうにまっ先にやり出した人たちほど苦労しないで、いろんなものが作れるようになりました。ですから一番トクしたのは、いま考えてみますと、一番先に駆け出したものよりも二番目か三番目ぐらいに駆け出した人だったような感じがいたします。

しかし、二番目、三番目という方も、実は理化学研究所にいた人が、例えば大阪大学ができたときにそこの教授になったりして、結局、理化学研究所の苦労の引き継ぎをする場所は変わったけれども引き継がれたものと考えてよろしいかと思います。こういう経験を振り返ってみますと、あとから出発して外国に追いつき追い越そうとする場合には非常な苦労が多いということなのです。

しかし、日本という国が、だいたい、明治以後そういういき方をずっと日本人全部がやってきたようなわけで、必ずしも理化学研究所の人たちの特殊な経験ではなかったと思うのですが、ちょうど、昭和七年という非常に大きな曲り角の時期——とにかく一年の間に四つも五つも、誰も予想しなかったような発見が出てくる。そういうことはめったにないわけで、それだけに、そのときにぶつかったわれわれの先人たちの苦労は特に非常なものだったという感じがいたします。しかしその苦労も苦労ですが、非常に大きな変革の時期に苦労した人たちは、やはり、ある意味では幸福だったといえるかもしれません。

といいますのは、物理学というのは必ずしもなめらかに発展していくものではないので、あるときは停滞し、あるときは急激に変化、発展が起こる。物理学の歴史を見ますと、そういったことは、しばしば起こっている。ところで停滞している時期には、いくらすぐれた頭脳でもあまり飛躍的な仕事はできない。それに対し発見の年というのはある間隔をおいてあらわれてまいりますが、そのときにこそすぐれた頭脳はもっと活躍するチャンスを持つことになります。

七

では、現在、いまという時期が物理学にとってどういう時期かと申しますと、残念ながら、いまはかなり発展が停滞、あるいはもう少し希望のありそうな言い方をすれば、飛躍を待機しているという感じがいたします。

何年かたてばまた壁が破れて非常に急激な発展があるかもしれない。あるいはないかもしれない。そういうわけで、現在、どっちかというと、物理学というのは少し「老化」したということを湯川さんはよくいうのですが、急激に発展していけばいかにも若々しいし、そういうときに若い人は非常に活躍するのですが、この頃はむしろ、金のあるところ、アメリカとかソ連とかいう超大国が、金の力でいろんなことをしているという感じがいたします。

つまり、「巨大科学」とかいうことばがありますけれども、巨大な金と非常に多勢の人たちが動員されて、物理学が進められている。こういう状態がいいか悪いかは別としまして、現実にはそういう時期になっている。そういう時期はたしかに若々しいとはいえない。実際、はだか一貫の若い学者たちが自分の頭脳と、あるいは自分の手腕でどんどんやっていくというのと違いまして、金とか組織とかいう体制が必要ですから、若い連中だけではなくて、顔のきくボスが必要である、ということがある。

実は、理化学研究所で仁科先生が原子核物理学を始めようとされたときに、やはり、そういう意味のカベが一つありました。つまり、研究費が非常にかかるということです。昭和七年以前の物理と以後の物理を比べますと、いまほどではないけれども、原子核物理に踏み込んだということから、研究に必要な経費が非常に大きくなった。一段と大きくなった。さきほど、階段状に進歩すると申しましたけれども、金のほうもちょうど飛びあがるときにぶつかったので仁科先生は金集めに非常に苦労されました。

実は、先生は、ジャーナリズムが大きらいで、雑誌だの新聞だのが、原稿を書いてくれとか、いろいろな催しで講演をするのが……そんなことを申しますと、きょうのわたくしのことをいっているみたいで恐縮ですが。しかし研究費が必要になってきますと、やはり社会に十分な理解がないと、研究費はなかなかふえない。政府をくどくにしても、財界からの寄付を仰ぐにしましても、その頃、まだ、原子なんていうと、あるのかないのかわからないようなもので、物理学者だけが勝手なことを考えていると思われていた時期であります。

いまでこそ、原子というのは、子供も、アトムとか何とかいっている(ことばだけかもしれませんが)時代でありますから、そう、くどくどと啓蒙する必要もないわけですが、その頃は大いに啓蒙をやらなければならないということで、仁科先生の考え方は急に変わりまして、講演を頼まれれば講演をする、原稿を頼まれれば書く、ということで、研究室のわれわれからはちょっと不平が出ました。

仁科先生はそれまで、しょっちゅう研究室へやってきて、どうなっているか、ここはこうしたらどうか、といったような注意をしょっちゅうして下さったのが、だんだんとあまりそういうことをやらないで、外ばかり駆け回られるようになった。われわれはそれが大へん不満だったんです。

それから、何か役に立つということをいわないと、政府も財界も金を出してくれないので原子核物理はどういう役に立つかということをしきりにいうようになられた。

その頃、原子核物理で役に立ちそうなものもいくつかあることはありました。例えば、ちょうどその年の発見の一つですが、さきほど中性子という粒子があると申し上げましたが、中性子という粒子をほかのいろいろなものにぶつけますと、ぶつけられたものが放射能を持つようなものに変わることが発見されました。

これはフランスの発見なんですけれども、人工放射能と呼ばれるものが発見された。これは場合によっては役に立つかもしれない。例えば、ガンの治療にそのころはラジウムを使うのですが、ラジウム以外にもっと強い放射線を出すようなものが人工的に作れる。ラジウムを飲むわけにはいかないのですが、元素によっては化合物として飲んでも毒にならないということもあるわけで、非常に人工的にいろんな元素が作れるようになると、使いみちがいろいろ出てくる。

現に、コバルト――ガンの治療では現在ではラジウムよりもコバルトを使っておりますが――はラジウムと違い、ガンの治療には非常によくきく放射線(ガンマ線)を出すということがあります。それで、仁科先生はそういう放射能を使ってガンの治療ができるというようなことをしきりに新聞に書いたり講演したりしておられた。われわれはそれが不満でありまして、先生は研究をおろそかにして外でそんな話ばかりしているというので、研究室のなかにちょっと穏やかでない空気が出たこともございます。

理化学研究所の近所のほそい裏通りにインチキ治療をやる家がありまして、どんな治療をしたのかわからないが、その家には「エレクトロン療法」という看板がかけてありました。皆で酒を飲んで少し気が大きくなって、あの看板をちょっとはずしてきて、「仁科研究室」という看板と取り換えようじゃないか、といっていたこともあったんですが、さすがそれを実行するところまではいかなかった。

そういうわけで、新しい研究分野に進もうと思いますと、研究一本ですまないという事情がいろいろあるわけで、わたくしもその後、学術会議の会長とか教育大の学長とかの商売をやり出して、政府や財界から金をもらうことがいかに大へんな仕事かということを痛感しました。その当時、そんな看板をはずしてどうこうしようなんて失礼なことを考えたのは、どうも親の心子知らずだったという感じがいたします。

おしまいにへんな話をしましたが、時間がきましたので……。どうせきょうは結論なんて出すつもりはございませんので、このへんでわたくしの話をおしまいにしたいと思います。どうもありがとうございました。

質問　電子レンジが家に置かれてから食生活が非常に変わってしまった。また、情報産業といわれますが、ふしぎに思うのは、銀行ローンで、S銀行ですと百万円までしか引き出せないが、F銀行だとどこででも預金の全額を引き出せる。おそらく、これは設備の問題だろうと思いますが、そういうぐあいに、えらい変動期に、金融界にしろ何にしろあるのです。いったい、こういう変動はどういう未来像なりわれわれの実社会なりを作り出すのだろうかとふしぎでふしぎでしかたがないのです。先生がた学者のかたはそういうことをどういうふうに感じられるか。

朝永　どうも大へんむずかしい。特に最後の銀行の話は、わたくしはあまり金を持っていないものですから、自分であまり考えたこともないので、最後の問題はほかのかたにお答えいただいたほうがいいんじゃないかと思います。

電子レンジとか情報産業のお話があったのですが、これはたしかに物理学の進歩から出てきた一つの技術だと思います。電子レンジというのは、電波の非常に強いのを当てますと、いろんなものが(絶縁体はダメですが)熱くなってくる。しかもそれは中から熱くなる。普通、焼いたりするのは表面から熱くなるが、まん中から熱くなるという特徴がある。

こういうことは、原理的にはずいぶん昔から知られていて、病気の治療に使われていました。つまりからだをあたためるわけですが、そのときにお風呂に入ったりするのは外からあたためるが、中からあたためるのにディアテルミーというのが使われていた。ただ、そのときは非常に強い電波が簡単に出ないものですから、これで物を煮炊きするところまでは簡単にいかなかったわけです。

ところが、非常に小さくて、しかも非常に強い電波を出す真空管の一種が開発された。実は、これは電波兵器の必要から出てきたのだろうと思いますが、戦後はああいう道具が市販されるまでになった。ただ、原理的にはわかっていたのが、実際に使われるようになるまでには、いろんな段階があるわけで、非常に小さな装置で強い電波を出すような装置が作れるようになっても、それを作って使い手があるかどうかという問題があります。やはり、技術や原理だけがわかっていても、必ずしもそれが商売になることはないと思うのです。商売になるためにはそれを使ったほうがいいという、そういう要求が消費者の方になければならない。

電子レンジも家庭に入り込んだのはごく最近だけど、その前には、営業用で、汽車の食堂なんかでは使っていたということを聞いたことがあります。つまり火を使わないでモノをあたためるようなとき、だんだんと必要性がいろんなところに出てきたので、会社で作るようになったのです。

情報のほうも、電子計算機がある。計算機の歴史は古いのですが、昔は手でぐるぐる回すようなものでした。それが、真空管を使うようになりますと、これも戦後の技術で、考えようによっては戦争の必要である程度開発したんじゃないかと思うのです。ただ、これも必要がなければ、原理的にはわかっていても、そこまで開発するのには大へんな金がかかりますから、そこまで開発して金をかける値うちがあるかどうか、それに対する要求があるかどうかということで決まってくるのだろうと思います。そういうわけで、ことがらは科学や技術だけの問題ではなくて、社会全体がどういうものを要求するようになるか、それにかかっているのです。

それで次に、未来像あるいは未来の予想なんですが、大へんむずかしいと思いますのは、いまいいましたように、社会が、あるいは人々が何を要求するかということが未来をきめる大きな要素になっている。ところが人間の社会というものは、一つの要求があってそれが満たされると、その結果いろいろ別の問題がそこから発生する。そしてそれを解決するためにまた新しい要求が出てくる。そういうように原因が結果になって、その結果がまた原因になるというかたちで社会が変化していくわけです。ところである問題を解決すると、その結果、どういう問題が発生し、それを解決するのにどういう要求が出てくるかという判断は非常にむずかしいんじゃないかと思います。

わたくしは、いわゆる未来学者のいう未来像というものはあまり信用しないのです。その信用しない証拠には未来学者でも、非常にバラ色の予想をする人と、逆に人間は滅びるのだと予想する人と、両方ありましょう。両方あるということは信用しがたいということなんですが、結論にそんな両極端なちがいが出てくるのは、社会の変化というものは原因が結果になり、その結果がまた原因になるという一種のフィードバックの連鎖で動いていくわけで、はじめの仮定がちょっと違っても、先のほうは非常に大きく違ってくるわけです。ですから、未来論というのはそこまでつっこんでやっておられないかぎり、信用させるつもりで論じておられるのではなくて、こういうことになるからならないように努力せよとか、こういう可能性もあるから絶望しないで努力せよとか言っているのだと考えたほうがいいんじゃないか。とにかく、天気予報でさえ当たらないのですから。

自然現象については、予想というものはある程度はできるわけです。なぜなら自然現象は因果の法則に支配されているからです。天気予報なんか非常にはずれますが、それでも、こっちがこういったから向こうのほうで行動を変えるということはない。例えば低気圧がきょう東京を通るだろうといったら低気圧がそれを聞いて、ツムジを曲げて、じゃあ大阪を通ってやろうなんてことはないわけですね。逆に、東京を通るという予想をすると、通ってあげないと悪いと思ってこっちのほうへくるなんてこともない。ところが、人間というのは、こうなると予想をすると、それじゃ困ると思って、一生懸命そうならないように努力することもありますし、あるいはそうならないと困るというと、そっちのほうへ努力をすることもありますから、つまり人間には進む方向を自分で選ぶ自由が多かれ少なかれ存在している。

コンピューターで社会現象を予測することが可能であるかどうか、ということを議論した学者がいますが、結論は、それは可能だということだったそうです。ただし、その結果を発表しない限りにおいて可能であるという条件がついている。そういうことをいった物理学者がいるのです。とにかく、人間の行動というのは、自然現象でさえ予測できないのに……。自然現象で非常に予測がうまくいって皆さんがびっくりしたであろうことは、月ロケットのアポロです。例えば、アポロが大気に進入するときに、角度が三度ぐらいの範囲内に入ってこないと、深く入りすぎれば燃焼してしまうし、浅く入りすぎればまた飛び出してしまうという非常にむずかしいことを机上計算でちゃんと予定通りに飛ばせて、無事に月に着陸してまた帰ってくる。

こういうのを見ますと、コンピューターというのは大へんなものだと思うわけです。たしかにそうなんですが、冷静に考えますと、真空のなかのものの運動というのはニュートンの力学で決まる通りに運ぶわけです。計算通りに動いていく。ですから、真空中の物体の運動というのは一番正確に予想できて、その予想通りに司令を出せる。ですから、月がいくら遠くにあっても、着陸点の誤差は、何十メートルの範囲でちゃんと予定したところに降りる。それは考えてみれば当り前のことなんです。ところが、空気中の運動になるともうそうはいかない。幸いにして空気があるから、野球をしてみるとおもしろいのです。

いつか、テレビで、アナウンサーが子供たちに、月の世界へ行ってみたいか、とかなんとかインタビューしたのを見ました。そのとき子供が、月世界で野球をしてみたいといったら、おとなが、月の世界で野球をしたっておもしろくないぞ、カーブも出ないしなにもない、計算通りに動くだけだ、変化球は何も出せないといった。たしかにその通りです。ですから、予想がはずれるところにおもしろみがある。あまり信用なさらないようにーー。本来、未来学というのはわれらはどうなるであろうかということを予想するものでなく、われらはどうするべきであろうかということを考えるものとわたしは思うのです。

（一九七一年一月二十五日、東京ＹＭＣＡ午餐会での卓話）

科学者の自由な楽園

のびのびした雰囲気

私が理研、つまり財団法人理化学研究所の仁科研究室に入ったのは、昭和七年のことである。大学を卒業したのが昭和四年だから、まだ学校を出ていくばくもたたないときであった。

入ってみておどろいたのは、まことに自由な雰囲気である。これは必ずしもひとり仁科研究室ばかりではなく、理研全体がそうなのだが、実に何もかものびのびとしている。たとえば金の面ではこうである。身近な問題についていえば、私たちが研究室で必要な資材を買うときにも、大きいものは別だが、ちょっとしたものなら、理研内に専属の倉庫があって、真空管にせよ、化学薬品にせよ、簡単に伝票を書けば、それだけで買って来られる。もっとも、私自身は実験物理学ではなく、理論屋であるからそういうものの必要はなかったのだが、ノート、紙、鉛筆一つにしても、倉庫へ行って伝票を切ってもらって来れば、あとで研究室で払っておいてくれるという、まことにありがたいシステムだった。

さような些細なことばかりではないことが、おいおいわかるようになったのは、しばらくたってからのことである。もちろん、研究室の予算というものはある。ところが、私のいた仁科研究室などは、しょっちゅう大赤字を出すので有名なところであった。といって、別段無茶苦茶に無駄づかいをするわけでもないのだが、新しい研究というものはどっちに進んでいくか予定することがそもそも無理なので、相当な赤字の出ることは当然なのだ。そういうときには、いつのまにかあとで研究所がきちんと面倒を見てくれるというぐあいなのである。また、研究室によっては予算を余すものもある。余したからといって次の年度の予算をへらされることもないから、年度末にあわてていらないものを買込むなどという無駄なことも起らない。

私は当時下っ端であったので、理研の所長であった大河内正敏博士については、特に面識があったわけでない。が、きいたところでは、そうした予算面での自由という得がたい特典は、大河内さんの科学への大きな理解からもたらされたものだったようである。

元来が、理研というのは財団法人で、純粋な研究所として発足したものではあったが、もとより知恵だけを売って収支つぐなうなどということは、日本ぐらいの産業の規模のところでは、おぼつかない。といって、研究所は基金の利子や政府の補助金ではまかなえないくらい大きな規模のものに成長した。そこで大河内さんが怪腕?をふるって、実際上の営利会社をたくさんつくった。世上、理研コンツェルンといっていたものがそれで、ずいぶん収益をあげたときいているが、私は実業界の事情についてはうといので詳しくは知らない。営利会社群の中には、理研が特許をもつビタミンや、理研酒といわれて有名だった合成酒などのように、研究所の知恵をそっくり応用してもうけたものもある。が、全部がそういうものばかりではなく、かえってその多くは研究所の研究とは直接関係のない純粋?な営利会社であっただろう。

こうしたぐあいに、理研の収入の大きな部分は特許を売るとか、発明をもとにした事業から出てくるのだが、えらかったことは、あくまで当初の研究所中心という骨組をくずすことなく、当然起ってもいい事業会社の営利的な意見に影響されることなしに、研究所では基礎的な研究を存分にやらせたという度量である。仁科研究室の研究などは、特許にもならず事業にもならない純粋研究ばかりだったが、少しもかたみのせまいことはなかったのである。いまでこそ原子物理学は世間の花形だが、二十年前のそのころでは原子物理とは大金を使うばかりで役にたたない学問の標本であったのだが。

こういうことがある。研究員会議というのがあって、そこで予算・決算をやるのだが、これがだいたい三十分くらいですんでしまう。考えようによっては、ずいぶんボス的な運営で、いまだったら非民主的という非難を浴びそうだが、むしろ官僚的な運営の弊がなかったというふうに解釈した方がよいのだろう。なにしろ、赤字などいくら出してもかまわぬという方針だから、採算面で討議の必要はあまりないのである。もっとも、それだけ所長まかせにしていたわけで、今から考えてみると、私たち下っ端からは、ずいぶんいろいろな無理を大河内さんにかぶせていたのではないかという気持も、大いにするわけではあるのだが……。

人材のプール

周知のように、理研には主任研究員というシステムがあった。主任研究員と名のつく先生は、各自研究室を持っていて、これが一つの単位となり、下に研究員、研究助手、研究生を抱えた、いわば一城のあるじというわけである。

大学の講座と似ているが、違うのは、一人の主任研究員以外には、員数についてなんのきまりもないという点である。だから、研究員が少ししかいない研究室もあれば、反対に大世帯の研究室もある。これはなんでもないようだが、大学に入って、杓子定規的に助教授一人、助手一人と定まった定員制にしばられて、絶対に必要な研究者も置けないのに悲鳴を挙げてみると、その利点がよくわかる。要するに、自主的判断によって、研究にもっともふさわしい構成で組織すればいいので、やはり民間の機関の大きな強味であった。

理研の中には、すでにこうした研究室が純粋物理についても、仁科研究室の他に長岡(半太郎)、石田(義雄)、西川(正治)、木下(正雄)、高嶺(俊夫)、寺田(寅彦)、清水(武雄)などいくつかの研究室が併立していたわけである。

研究室が独立しているといっても、研究室相互の間で、いろいろな話合いができる。藤岡由夫さん(現埼玉大学学長)などは分光学の高嶺研究室にいる。研究室間の話合いといっても、なにも頭株の人だけの四角ばった会議ばかりではなく、われわれ下っ端でも高嶺研究室の同じ下っ端の藤岡さんらとしばしば一しょに飯を食ったり旅行をしたりして、接触が深く、その間に研究についての相談をし合ったのである。また、ある研究室で、こういう専門家がたりないといえば、他の研究室から喜んで手伝いに行く、というふうでもある。そんなところにも、群雄割拠の大学の教室制度にはみられない和やかな場面があった。

理研創設の当初は、主任研究員は大学の教授の職を持ったまま、兼任しているケースが多かった。東大にあった寺田(寅彦)研究室などもそれである。ここには中谷宇吉郎さん(現北大教授)もいたはずである。地方にはまた分室がいくつか散らばっていた。たとえば、東北大学には本多光太郎先生の研究室があり、茅誠司さんもここにいたのだろう。京都にももちろんある。木村(正路)先生の研究室である。のちに大阪大学ができたときには、多くの人材が理研からいったものである。そうした人材のプールとしても、ちょっと掛替えのないものであった。やかましい定員制がなかったおかげで、理研には大学教授級の人がいっぱい飼育されていたわけである。

そうした、大学に置かれてある研究室では、大学の予算の他に、理研からの予算もとれるわけである。といって、別段、大学での研究と理研での研究を分けて行なっているというのではない。ただ、大学だけでは機械もたりないし、手足もたりなかろう、それに部屋も不足であろうと、理研が面倒をみたのである。これが、次第に年を経るにしたがって、仁科芳雄先生のような、理研だけの独立の研究員がつくられるように、分化していったのだ。

　そのころ、大学から若いすぐれた人材が多く理研を希望してやってきたのは、けっして生活面の理由からではない。科学者というのは、生活面でぜいたくをしようなどという望みはあまりないのである。ぜいたくをするなら、研究面でさせてもらった方がいい。そして、理研には研究の自由があった。具体的にいえば、研究について外から指示命令などもちろんないし、その上講義の義務がない、先生気分にならないですむというありがたい特典があった。

　しかつめらしいはなしになるが、よくいわれる学閥などというものも見当らない。これは日本の学界では画期的なもので、のちに私たちの研究分野で、大学という壁をとり払うために、大きく貢献した。

　仁科研究室についていってみても、かような具合である。御大の仁科先生にしてからが、東大の工科出身であって理科出ではない。私より一年古くからいた嵯峨根遼吉君(原発取締役)が東大、私は京大。嵯峨根君と同じころ入っている竹内柾君(現横浜国大教授)は蔵前(注一)高工で、しかも化学出身という変り種。こういった組合せだ。

のちには医学畑から、アイソトープの生物への影響の研究にやってきた慶応出の武見太郎さん(現日本医師会会長)が入っているし、生物学から村地孝一さん(立大教授)が加わっている。これに玉木英彦君(東大教授)、坂田昌一君(名大教授)、小林稔君(京大教授)らも入ってきたし、臨時には武谷三男君(立大教授)、渡辺慧君(渡米中)なども顔を合せて、おいおい、大家族にふくれあがっていったのである。

地元だから、東京の人間が多かったということは自然だが、出身校だの専門科だのを無視して、人間同士が自由に研究を助け合うというのは、ここ以外にはなかなか見られない光景だった。

研究意欲をそそる

人間にとって、形式的な義務がないということが、かえってどんなに能率をたかめるかという、一つの実験みたいなものである。

勤務時間の制限などというものはない。仁科先生御自身が、のちにはそうは暇もなくなったが、最初のころは、昼間お目にかかるにはテニスコートへ行った方が可能性が大きいといわれた伝説**?**まであって、いったいいつ研究をやっておられるのかわからない。

月給はくれるが、義務はない。いや、義務はなにもないのに、月給はちゃんとくれるといった方がよいだろう。義務がないということはまことによいことである。というと、怠け者の言にきこえるかもしれないが、本当はかえってこれほど研究に対する義務心を起させ、研究意欲を煽るものはないのである。

不思議なことだが、まあとにかく研究しろと、なにもいわずに月給だけをいただいてみると、別に何時から何時まで出勤しろといわれるわけでもないのに、良心が黙っていられなくなるのである。勤務評定などもちろんないから、朝ねぼうも自由だが、うちへ帰って晩めしをたべたあと、また出勤して夜中まで仕事をするなど、夜とひると逆になっている御仁も多かった。

なまじ、たとえば何時から何時まで会議に出ろとか、かくかくの書類をつくれ、などという義務があると、そういう形式的な義務を果たしただけで、自分の義務は全部済んだという気分になってしまう。そこで良心が安心してしまうというわけで、さらに新しい意欲は湧かない。

人間とはそういうものである。研究をさせるためには、だから良心を安心させてはいけない。安心させないためには、そういう口実を与えてはならないということである。研究以外になんの義務や規制を付加しないという点では、理研の行き方はなかなか徹底したものであった。

形式的な礼儀などというものも、所内ではあまり必要としなかったようだ。藤岡由夫さんが、海外から帰ってきたとき、外国では学者が大勢集まって議論をする、あれを私たちもやろうと言い出した。いまでこそ、日本でも当りまえのことだが、その時分は珍しい。そこで学会のあとで、そういう会をやってみた。そのなかで、京都大学の木村(正路)教授が報告をしたのだが、理研の若い人たちが、滅茶苦茶にやっつける。それもはなはだ失礼な言いかたをする。先生、そんなことを言うけれども、そんなことはナンセンスですよ、などと。この張本人は、いま原研所長になっている菊池正士さんであったが、当時、若い者が教授にそんなことが言えるのは、理研以外にはなかった。これはやはり理研精神ともいうべきものであったろう。

営損会社

こうした自由な空気の中で、仁科先生はまず宇宙線の研究をはじめ、やがて、いろいろな加速器をつくって、原子核研究に奥深く進まれたのである。

そのうちに、理研がいくら潤沢な資金を持っているといっても、サイクロトロンのような大きなものはとても弁じられないという事態になった。昭和十年ごろまでにつくった小さいほうのサイクロトロンはまだいい。もう少し大きいものをつくろうとなったとき、仁科先生の御苦労はなみ大抵ではなかった。

しかも、いったんつくってみると設計上のまちがいがあり、思う通り動かない。やむなくアメリカへ人をやって、設計の誤りを正しもした。必要なときさっそく人を外国へやれるなど、これも理研なればこそである。そうこうして、ようやく完成したのが、太平洋戦争直前のことである。いまの金にして、三億円か四億円はかかっているだろう。これには財閥からの寄付金と、たしか陸軍からの補助金ももののをいっていたものと思う。

それほどまでに、全力を傾注してつくられたサイクロトロンが、終戦後占領軍の悲しい誤解によって破壊されてしまったのは、先生にとってどんなにつらいことであったか、察するにあまりある事態であった。そのいきさつについては、すでに再三書かれ語られているので、詳しくは触れないが、科研の社長に就任されてからの仁科先生の奮闘はたいへんなものであったらしい。

占領軍は、財閥はすべて解体してしまうという意向であった。そして理研もいわゆるコンツェルンになっていたのでこの運命をまぬがれることはできなかった。しかし仁科先生は、理研の研究が、日本の復興にとって大事なものであるということを説いて、事業会社を全部きりはなして、理研を株式会社として独立して存続させるまでには成功したのである。こうして科研と名を改めて、のこされた研究所は、知恵を売って、つまり発明をしてその特許を売って収支償うという形にされたわけだが、とても無理であった。アメリカでこそ成り立つ商売であろうが、日本ではとても……。まして、終戦直後のあのようなときに、そんな知恵を買って事業をしようなどという会社はどこにもなかった。そこで営利会社どころか、営損会社になって火の車がつづいた。

多くの研究者が去った後で、競輪の補助金をもらって自転車の研究もしたそうだし、有名なペニシリンも売り出した。が、所詮は、商売人と対等に闘っては勝てない。私はもうそのとき科研にはいなかったので、その間のいきさつはよく知らないが、仁科先生も不如意のうちに、世を去られたような事情である。しかし、仁科先生に薫陶された研究者たちは日本各地にちらばって、新しい種を育て、そこでりっぱに花を咲かせたのだ。

人間を集める好い環境

私たち、いまでこそ各方面に散ってはいるが、かつては理研で同じ釜の飯を食った仲間が顔を合せると、おのずからよき時代の思い出に話がはずんでしまう。たしかに自由なときであり、ところであった。

もっとも、それがよかったからといって、いまの時代にあのシステムがそっくり応用されてよいとは思えない。たとえば、研究室単位は、一人のすぐれた学者が指導するという、指導者原理に依り立っていたものである。たしかに、理研がつくられた第一次大戦の後では、それがふさわしいものであったろう。だが、のちに原子核の研究を仁科研究室が推進するにあたって、西川、長岡両研究室が加わって、三つの研究室が共同して研究したという事態でもわかるように、研究室よりはもう少し大きい単位の研究規模が必要になっていた。人手の問題からも、費用の問題からいっても、時代の要請があったのである。

また、下っ端にも不平がないわけでなかった。たとえば仁科先生が、できそうもないことを命令してくる。そんなことから、とくに実験物理の人たちの間には、小さな不平の声がたえなかった。もっとも、不平があればすじみちをたてて、これは不可能と説得すれば、あっさり納得してくれるのは仁科先生の長所であったが。組織の問題、人間的な問題で、欠点がなかったわけでない。が、なによりよかったことは、そこには研究者の自由があったという事実である。研究テーマや方法の選択は研究員の自主性にまかされており、研究が役に立たないからといって文句をいわれることもなかった。長い間かかって会議や討論を重ね、全く無駄のないように作りあげ、絶対必要のぎりぎりの予算を要求しても、その要求額をお役所の都合で六〇パーセントにけずられて落胆するのが今の大学の姿だが、大学へ籍を置いてみれば、かつての姿はいっそうよかったものに思える。

それにつけても、昨年から再び科研から特殊法人理研となり、そこの理事長に就任された長岡治男氏(故長岡半太郎博士の長男)が、先般欧米を視察してどんな制度がいちばん理想的かを研究した結果、語った言葉が教訓的である。「とにかく、よい人を集めることだ。」たしかにそれである。これは、よい人たちがそこへ行って研究したいという意欲をそそる環境を生みだすことが先決である、という意味も含まれているわけである。金、体制、運営、その他いろいろな問題がある。が、研究にとってなにより必須の条件はなんといっても人間である。そして、その人間の良心を信頼して全く自主的に自由にやらせてみることだ。よい研究者は、何も外から命令や指示がなくても、何が重要であるかみずから判断できるはずである。

（注一）　東京高等工業（専門）学校の通称。これが蔵前（東京都台東区の南東部）にあったことによる。はじめ東京職工学校として一八八一年に創立。一八九〇年に東京工業学校、一九〇一年に東京高等工業学校と改称。一九二四年に目黒区大岡山に移り、一九二九年に昇格して東京工業大学となった。

十年のひとりごと

戦争は終ったが、食料もなく家もなく、交通も大混雑でときどき死人が出るほどであった。こんなときにはからだも頭もあまり使わない仕事をやるにかぎると考えたので、まずやり始めたのは、戦争中日本文でまとめてあった研究を欧文になおすことであった。超多時間理論や、場の反作用とか、中間結合からはじめて、磁電管の理論や、立体回路のSマトリックスなど、毎日毎日タイプを打って暮した。紙がないので古い原稿用紙の裏を用いた。そのうち、この仕事も終ったが、食料不足が身にしみたせいか、こんな抽象的な理論にうきみをやつすよりも、もっと役に立つことをやろうかとも考えた。戦後一時は誰も彼も夢のようなことを考えたものだが、われわれも御多分にもれず、理研の連中と光合成の勉強などを始めた。田宮〔博〕先生の論文なども読み合って、本気で食料問題解決に資するつもりだった。しかしこれはものにならず、またもとの商売にもどった。

そうこうするうちに、ぼつぼつ大学の連中も集まってきたので、理研や文理大でゼミナールをはじめた。まず超多時間理論の一般化を若い連中とやり出した。当時交通状態が悪く、かりずまいから通勤に二時間もかかったが、バスの中で積分可能条件をどうやって満足させるかに気がついたりした。

そのうち朝日賞をもらったが、これは大助かりであった。このお金をつぎ込んで畳を十枚買い、学校の大久保分室のやけ残り小屋に居をかまえた。これで住居の問題が一応かたづいたので、場の反作用の問題を考えるのにたっぷり時間が出来ることになった。まず、場の反作用の無限大が一部は質量にくりこめそうだと考えた。しかし、くりこんだ残りが有限になるあてはなかった。一方では、坂田先生のC中間子の理論があったので、これを反作用の問題に用いたらと考えた。ゼミナールでいろいろ議論してみたが、計算をまちがえたりして少しモタモタした。しかし結局C中間子の考えで無限大反作用の一部は救われることがわかった。ところがこの計算をよくみると、前から頭の中にあったくりこみの考えで無限大がすっかり分離できることがわかった。

この時分は外国文献も入手難であったが、ある意味では、その方がよかった。外からいろいろのニュースが聞えてくると、とかく自分の仕事から眼をそらされる。大体日本の物理屋は外の状勢でふらふらしすぎるものだが、ときには意識的に外のことに知らん顔することも大切なことではないだろうか。

しかし風のたよりでラムの発見や、シュウィンガーが似たようなことをしていることが聞えてきた。そのうち一九四九年に、オッペンハイマーからプリンストンへの招きがきた。そこでアメリカに出かけたが、くりこみ理論も鼻についてきた。誰も彼もがファインマン・グラフばかり書いているし、誰の論文を見てもD函数とか$\varDelta$函数とかばかり出てくる。あまりにも個性がなさすぎるので、すっかり食欲を失った。そこで少しつむじをまげて、多粒子問題というあまり人気のない方面に手をつけた。この問題は実は十年ぐらい前から頭の一部にあって、いつかいじってみたいと思っていたのだが、ちょうどプリンストンで十分なひまができたのでまとめ上げた。

当時何かにつけて不自由な日本からアメリカに行くと、始めは何もかも極楽のように思われた。しかし半年もいると味気なくなってきて、雨もりの音や便所のにおいが恋しくなり、結局十カ月ばかりで帰ってきた。

こうして、戦後の五年間は相当アカデミックな生活を送っていた。ところが、一九五一年の一月に仁科先生がなくなられた。そうすると、先生の引受けていたいろいろな仕事の一部を引きつぐことになった。まず学術会議の原子核研究連絡委員会(後の原子核特別委員会の前身)の委員長という役がふりかかって来て、原子核、宇宙線、素粒子論の一すじなわでいかない猛者《もさ》たちのまとめ役をやることになった。その後は、科研や阪大のサイクロトロン建設に口ききをしたり、基礎物理学研究所を作るために文部省を口説いたり、そういう仕事に追われ始めた。乗鞍の宇宙線観測所の予算をもらいに大蔵省へも出かけねばならなかったし、原子核研究所を作るについては、田無《たなし》の町の人から猛反対を受けて、夜なかの十二時近くまで町の公民館でつるし上げを食うという結構な体験も持った。現在は、近ごろやかましい原子力問題にまき込まれて右往左往している。

こんなにして、戦後十年、一かどの学界名士ということになったせいであろうか、今日は、ある雑誌の創刊十周年記念号を出すというまことに有意義な企てに一筆もとめられて、あまり意味のない原稿を書いたりしている。それもこれも、こんな貧弱なやせ男にも、時世の波はようしゃなくおしよせてくるということであろうか。

学者コジキ商売の楽しみ

——読売「湯川奨学資金」(第七回)の交付に際して

コジキを三日するとやめられない、というのは、こんなに気楽でミイリの多い商売はないということかと思っていたら、どうしてどうしてそんななまやさしいものではない。何しろ素粒子論の研究という学問には子供が多勢でやりきれないので、先般から人にもたのみ、自分でもやってみたが、大変なものである。一つは読売さんにお願いした「読売・湯川奨学基金」の寄付金集めであり、もう一つは「仁科記念財団」のそれである。読売さんの第一次募集の分は今回のあと一回分の交付を残すばかりとなり、第二次募金も好成績をあげている。私はここでご援助くださったかたがたに厚くお礼を申上げるが、コジキが大変な仕事である以上に寄付してくださったかたがたもいろいろご無理なさったことであろう。何しろ日本全体が「貧乏人の子だくさん」なのであるから。

ところで、ご無理をお願いした日本の素粒子論研究の話になるが、せんだっての国際理論物理学会議のお客さんたちが日本に来てみて驚き感心したのは、日本の多勢の若い学者たちの熱情的ともいうべき研究意欲であった。理論物理学などをやったのでは楽な生活をしてゆけないことは判りきっているにもかかわらず、こんなにも多くの若い人々が文字通りそれに身を打込んでいく、このような気風が、どうしたら起ってくるかその秘密を知りたいともらした人も少なくなかった。あるとき、イギリスのパイエルスさんに「日本の科学教育につき何か気がついた点や忠告することがあるか」と聞いたら、その答は「どうしたら日本のように、こういう気風がつくれるか、その教育法を逆に教えてほしい」ということであった。正直なところ、たいていの国では理論物理学者の不足をかこっているらしい。

こういう気風は、学校で教えようとしても教えられるものではない。日本という国も、どうも自分の国ながらあまり感心したものと思えないが、こういう気風が若い人々の間にあるという点は確かに注目に値することだ。これは大切な「国の宝」として失わないようにしなければならない。こういうものは学校で一朝一夕に教えられないものだけに、いったん失われたら回復は大変である。しかも、失われるのは至極やさしく、作り上げるにはひどく時間がかかる。

このことは、ドイツの歴史が実証している。今から二十年ぐらい前までは、世界の物理学の中心はドイツにあった。そのころ、ドイツの物理学はケンランたるもので、若いすぐれた学者が雲のようにあらわれた。それが急に衰えてしまったのは、一つはユダヤ系学者の亡命にもよるが、それだけが原因では決してない。それは、基礎科学を軽視する気風がナチスの誤った政策によって国全体にひろがったからである。そうでなかったなら、失われた学者の補充がつかないはずはなかった。国全体の風潮がそうなると、気分的にも経済的にも、研究をつづける若者が出なくなるのは当然のことである。

幸いにして、日本はまだそこまで行っていないようである。しかし、楽観していいか、どうか。若い人たちは、ほとんど九〇パーセントまでが何らかのアルバイトなしに研究生活が続けられない有様である。研究の意欲は盛んでも、経済的な裏づけがなくては、十分な成績があがらない。かりに成績はそう気にしないとしても、最もおそるべきことは、やがて意欲それ自身が失われることである。やがて後をつぐ若者がなくなることである。

戦前でも日本の学者の生活は、決して楽ではなかった。しかしそれでも、戦前には科学振興のための財団や奨学金の制度がたくさんあって、われわれもその恩恵をこうむったものである。ところが、それらの財団や制度は、戦争のため総つぶれになった。「読売・湯川奨学基金」の制度は、おそらく戦後におけるこの種の最初のものであったろう。新聞社の宣伝というなかれ。この種の宣伝は大変結構である。だから私もここにあえてチョウチン持ちをする。

この奨学基金はこんど第二回目の寄付集めをやったが、第一次募集のときにおとらず大かたのご援助が得られて大変うれしい。第一次にいただいたお金は延べで百名にも及ぶ若い学者をうるおし、その成果はせんだっての国際理論物理学会議にもハッキリと現われた。こんどの第二次の奨学資金によって、どういう成果が生れてくるか期して待とうではないか。第一次の分の成果については、いま、奨学資金によって出来あがった研究論文を集めて一まとめにしようと思っている。このうちから、何年かさきにまた「第二の湯川」が出てくるであろうことを思えば、コジキ商売のつらさも忘れられようというものである。原稿書きのあまり得意でない私が一筆とったのも、それを楽しみにするからである。また、大かたのご厚意を有難く思うからである。

共同利用研究所設立の精神

今までに基研(基礎物理学研究所)、核研(原子核研究所)、物性研(物性研究所)の三つの共同利用研究所が生まれました。共同利用研究所ができたのには、もともとの動機が二つございました。

一つは物理学(他の分野でも同じだと思いますが)の性格の変化です。むかしは物理学の発展は、個人の才能に依存していましたが、現在では発展の経過そのものから変化してしまいました。講座、教室という小さく閉じた単位による形式は、過去の時代のものであって、すでに現在の状態にマッチしなくなっています。

第二には、経費の問題です。物理学の発展につれて巨大設備が必要になってきています。そういったものを各大学におくというのではどれもこれも寸足らずになる、それで共同で持とうということになります。こうした予算の面からの強制があります。

以上のように物理学の発展そのものに根ざした内在的な面と、外からの条件による強制という二つの面がありました。その他に、研究者間の連帯精神を強めよう、セクショナリズムを打破しようというねらいもありました。

基研の場合には、今の一番目と三番目が主要だったと思います。湯川記念館の設立にあたってモデルになったのは、プリンストンの Institute for Advanced Study でした。絶えずいろいろな人を集めてアイディアの交換をするということに目標をおきました。というのは、今までのやりかたではどの研究室でも創立後十年間くらいは生き生きとしているが、それ以上になるとだめになってしまう例が多いのです。プリンストンの研究所のねらいはいつもフレッシュな流れを送って、フレッシュな空気をもった研究所にしておこうというわけです。

そのような研究所を特定の大学の附置にするのはおかしいわけです。この点は核研をつくる場合には表面化して、文部省直轄の方がよいという意見もありましたが、そうすると官庁色が強くなるおそれがある、かえって大学の学問的伝統を利用したほうがよいということになりました。しかし普通の附置では困る。基研は、京大附置ではあるが、所長の諮問機関として京大以外の人も加わった運営委員会を作ったのでした。核研の方もその方針で進んだのであります。しかし基研のときほどうまくはいきませんでした。結局、学術会議の中に原子核研究小委員会が作られ、所長はそこへいろいろ意見を聞くということになっています。

このようにしてどちらの場合も、東大や京大だけの研究所にしないようにしてきたのですが、実際その心配はただの杞憂ではない例があります。もともと附置研究所というものは大学とは別だという考え方で作られたのです。たとえば東北大学の金属材料研究所がその例であって、附置という字は附属とは区別する意味で使われたはずなのに、それが今のように附属研究所になってしまっています。

共同利用研究所の精神は以上のようなことでありますが、今いったような、ある大学に附置して、ただ外の人も入れた委員会を作ることで、外の人の意見を入れて閉じた単位を打破していくといった行き方がいちばんよい行き方かどうかは問題になりうると思います。今までには、大学以外に学問的研究の場がなかったということから生れた処置でしたが(学術会議は今のところそういう機関になっていません)、とにかくこうした事実を作って、いろいろな実験の上にたって将来もっとすっきりした制度ができればよいという方針で委員会設置ということは始まりました。そういう実験的なものなのであります。

*

共同利用研究所という形式の研究所は、物理からはじまったので、どういう気持からはじめたかをご参考までにお話ししたい。科学の進歩とともに、研究が広い共同を必要とするようになってきている。科学の進歩は指数関数的であるということをイギリスのlibrarianであるD・J・プライスという人が発表している。一年間に出される論文の数で、degree of development in science and technologyという量を定義すると、十年ないし十五年で大体二倍になる。このことが一七〇〇年頃から約一パーセントの精度で正確に成立しているということである。

なぜ指数関数的かということになると、一つには技術の進歩と科学の進歩とが相互依存して加速度的になっているという理由があげられよう。一方、科学者の数はそれほどふえていない。だからこの人数でされるのは、科学者の間のコミュニケーション、つまりadditiveでないeffectがおこっていることを示している。つまり、学会がつくられ、かつての天才の個人的業績だけでなく、学会のコミュニケーションで研究が進んできたわけだ。しかし、やがて学会よりももっと密接なコミュニケーションの形が現われてきた。そのよい例は現代物理学の中に見られる。

現代物理学の最初に、ニールス・ボーアを中心に量子論の発展が行われ、一方、ラザフォードを中心に原子核論の発展が行われた。この二つのグループが現代物理学の二つの源流となったことには、もちろんこの二人の偉大な個人の力があったことはたしかである。しかしグループの中の絶えまない協力が今までにない研究形態だった。ボーアのグループの業績を支えたものとして、いわゆる「コペンハーゲン・ガイスト」という言葉が使われる。しかし、これは日本でいう精神と多少ちがう。ハイゼンベルクが量子論のコペンハーゲン・ガイストをよく使うのを聞いていると、それは、個人の中で成長していく精神ではなく、各個人相互の間に漂う精神であると思われる。この中で各個人が育つ。これが後の各個のえらい物理学者が育つのに大きな役割を果したわけである。

だから、われわれ物理学者が共同利用研究所をつくったのは、そのように個人が育つ場所をつくることだった。指数関数的な発展に対して機械的に考えてはいけない。講座の数を倍にして行くというのでは、プライスの法則にあわない。

ところが、共同利用研究所というものに対する解釈に誤解があるように思われる。つまり共同利用というのはセンターで、これがあれば他の機関はいらないというのは間違いである。また、共同体制さえできれば、個人が問題でなくなるというように考えるのも間違いである。共同利用研究所は個人の能力を育てるように働くべきで、これを無視して皆が一色になってしまっては意味がない。けれどもプライスの法則がある以上、共同利用という考えに必然的に導かれるような気がする。

もう一つの考え方のあやまりは、上のあやまりとはむしろ反対方向のものである。そんなふうに共同利用とか共同研究などといわなくても、えらい人が出ればいいのではないか。ボーアやラザフォードがいてはじめてグループもガイストもできたのではないか。それはたしかである。しかしこのような人がいても、よい枠がなければガイストはできない。つまりプライスの法則に追いつくようなよい仕事を生み出していけない。また逆にいえば、えらい人というのは、このようなガイストの漂っている共同利用研究所の中からでてくるということを注意しなければならない。

基研には、いくつもの共同利用のよい例がある。特によい実例は、他の所では育たないような、新しい共同研究が境界領域から育ってきたことである。天文と原子核の人が

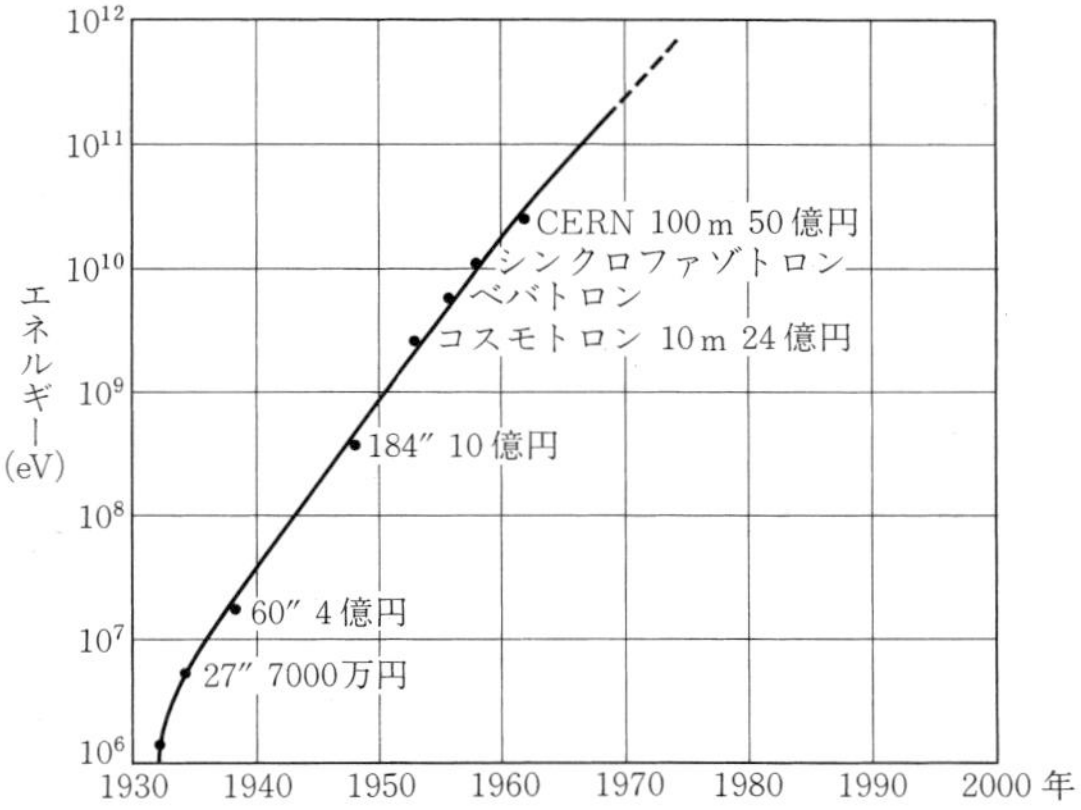

共同で開いた天体核現象の方面、生物物理、プラズマと核融合の研究などは、共同利用研究所としての基研を足場にしてはじめて開けた各方面の協力から生れた。

最近ハイゼンベルクが宇宙方程式というものを立てたと言われるが、その彼が「今後は横の方にひろがる」と言っている。たしかに現在科学が横の方にひろがっていることは確実な事実である。このネックになるものは共同利用体制の不備である。

ついでに、プライスの法則の指数関数にともなって、お金もまた指数関数的に必要になってきていることをちょっとつけ加えたい。原子核物理の研究に必要な加速器の大きさと費用の増大の割合を示すグラフは、まさしく指数関数的に増大していることを示しており、お金も十年足らずで二倍になっていることがわかる。文部省の方々もプライスの本を勉強していただきたい。

科学と科学者

はじめに

私、ただいまご紹介いただきました朝永でございます。この岩波の講演会には、前に一度お話ししたことがありまして、今回は二度目でございます。この前もそうだったのですけれども、私はこういう講演会に準備をするのを面倒がる方でして、出たとこ勝負でやるくせがついております。大学で講義をするときはちゃんとやるのですが、こう大ぜいのいろいろちがった方面の方が来られますと、なかなかそういうわけにいきません。とくに講義の場合には、話の内容が自然科学そのものでありますので、これはちゃんと理路整然としてやらなくてはいけない。ところがここでお話ししますのは、「科学と科学者」という題でございます。したがいまして話の対象が、科学者というつまり人間のことをお話しすることになりますので、人間のことをしゃべる場合には、物理学や数学の講義をやるような具合に、理路整然とはどうしてもいきかねます。相手が科学者というわけでございますから、こういうことを言っては失礼なんですけど、普通の人間よりいくぶん理路整然といくというふうにお考えになるかと思うのですが、どうしてどうして、科学者というのは普通の人間以上に矛盾に満ちた点がございます。科学の歴史をふり返ってみますと、昔の学説がひっくり返って、そして新しい学説が出る、そういう現象がしょっちゅう起っております。これはなぜかと申しますと、人間の認識は常に限られており、しかもその狭い認識でも、何かその上に立ってある学説をまとめなければならないというのが科学の立場でありまして、つまり人間が、宇宙全体のことをすべて知りつくした後でなければ、学説が作れないというのでは、もう科学の役をなさないわけであります。これが科学の、もって生まれた運命なわけでございます。そういう意味で、科学者といえども矛盾にみちた存在だといわざるを得ないのであります。

このようなわけで科学の学説は、それ自体のなかには矛盾撞着がないのに、しかもある学説を立てるための足掛り、手掛りというものが変化すれば、やはり学説自身も変化せざるを得ない。そういう歴史を、科学は非常にしばしば経験しております。科学自体のなかに、その根本において、そういう一種の自己撞着というものが内包されている。

それによって科学はだんだん進歩していく。そういうわけですから、科学者の行動自体も、時代によって非常に違っておりますし、同時代の科学者の間でも、その足掛り、手掛りのちがいによって、ものの考え方、見方なども、やはりいろいろになるのであります。

科学の本質とは何か

それでは、いったい科学というものはどういう意味で価値があるのであろうか。時代とともにいろいろ説が変わるというようなものは、信頼できないという考え方もあり得るわけでありますから、どういう意味で科学というものは、価値があるものとされるかということが、問題になってくるわけであります。

近ごろ、科学技術の振興ということが非常に叫ばれております。そういうふうに科学の振興ということが言われますその裏に、科学というものは非常に役に立つという見方がございます。たしかに科学が、いままでいろいろ新しい技術を生み出し、あるいは医学の進歩が、人間の病気を減らす。あるいは農学の進歩が穀物の収穫をふやす。その他、諸々の利点があることは確かでございます。しかしながら、科学には、そういう功利的な意味だけがあるのであろうかということを、考えてみたいと思うのです。もし功利的なことだけで物事の価値を判断するとしますと、たとえば芸術はどういう意味で価値があるだろうか。小説を読んでおもしろいとか、あるいは教養になるとか、あるいは人生に対する洞察が深くなる、そういうことが考えられるわけです。また、たとえば美術にしますと、見ていて非常に楽しくなる。あるいは音楽でも同様です。気持がよくなるとか、心が静まる。あるいは悩んでいるときに慰めになる。まあ、いろいろなことが言われるでありましょうけれども、しかし悩んでいるときに慰めてくれるのは、必ずしも芸術でなくても、私などもよくやる手であります、一ぱい飲むという手もあるのです。一ぱい飲んでうさばらしするよりも、芸術というのは、より高い価値があるというふうに考えざるを得ないのはなぜであろうか。

いったいそれはどういう理由であるか。美術、文学、あるいは音楽を、それは一つの価値であるというふうに考えざるを得ないように、人間が作られているということではなかろうかと思うのであります。科学もやはり同じように、人間に内在するやむにやまれぬ、一つの文化の柱として価値あるものと考えなくてはいけないと、私は思うのです。おのずからいろいろな技術を生み出し、かついろいろ人間の生活を豊富にするということ、これはむしろ結果であって、科学そのものの価値は必ずしも、そういう結果だけによって定められるものではない、私どもはそう考えたいのであります。

そういう、人間が持って生まれた、やむにやまれぬ要求というのは、もう一つ別な言葉で言いますと、人間の自由な精神活動にその根をもつということ、そういう言い方をしてもよろしいかと思うのです。科学を進めるもっとも基本的なものは何であるかと申しますと、人間のいわば知的な好奇心といえるかと思うのであります。私、実はよくアメリカの大学へ留学したいという若い人に、推薦状を書かせられることがあります。その手紙に、よろしくお願いいたします、この男は非常な秀才です、とあまり秀才でなくてもそういうふうに書くことがあるのですけれども、そういう推薦状のほかに、向うでいくつかの項目を掲げまして、判断力とか理解力、そこに一、二、三、四、五と評価が書いてあって、適当な個所にマルをつける方式のがあります。その項目のなかで私が感心しましたのは、メンタル・キュアリオシティ(知的好奇心)という項目があるのです。それの強さはどれくらいあるか、平均より上であるか、下であるか。知的好奇心を数量化して一、二、三、四、五とつけるのは非常にむずかしいのですけれども、とにかくメンタル・キュアリオシティということが、学問をやるということの一つの重要な要素というふうに考えられているということは、非常に大事な点であると思うのです。人間は、子どものときからメンタル・キュアリオシティを持っておりまして、いろいろなことを聞いて、親を困らせることがあります。そういう、なぜ？という質問をする本能、子どものときから人間が持って生まれ、他の動物にはない本能と申しますか、そういうものが科学の一つの大事な要素になっているというふうに、私は感じるのであります。

こういう要素が非常に大事な要素である、ということを科学技術の振興を唱えている方々に、なおいっそう理解していただきたいと、常々思っているわけです。昔は科学というものが、こういう性格のものであるということが暗黙のうちに通念のようになっていて、偉い科学者、すなわちメンタル・キュアリオシティの非常に強い人が、自分の研究に没頭するという形で、科学が進められてきたわけです。

ところが、時代が変わってきて、いくらメンタル・キュアリオシティがありましても、それだけで科学が進められるかどうかという問題が、最近になって、だんだんに現われてきたわけです。この点に、非常に大きな問題がある。と申しますのは、科学研究のためにメンタル・キュアリオシティ以外のものがいろいろ必要になってきた。非常に大規模な研究の施設とか、高額の研究費とか、またそれをこなすに必要なマンパワーとか体制とか、そういったようなものが必要になってきた。ただ好奇心でこつこつやっているだけでは、なかなか成果が上がらない、そういう時勢になってきたわけです。科学というものはあくまで自由な精神活動に根をはって、そこに根本をもっているものであるとはいいながらも、それだけではもはや、現在の非常に高度に発達した科学では、じゅうぶんでないという面が出てきた。

そこで、いろいろな問題が起ってくるわけでございます。つまり科学者が科学を研究するのに、自分の書斎あるいは実験室以外のいろいろの問題をあれこれと考えないと、自分の仕事を遂行できない、そういう時代になってきた。それからもう一つ指摘したい点は、科学が、技術として社会に大きな影響を与えるということから、社会の科学に対する要求とか理解のしかたとかいうものが非常に変わってきたことであります。昔は、先ほど申しましたように、科学者の活動というのを、文学とか美術とかあるいは音楽というのと同じように、社会の人は見ていた。そういう暗黙の通念があった。あまり直接そう役に立たないけれども、なんとなしにいいものである、ちょうど優れた芸術家を一般の人が尊敬するように、科学者を尊敬する、なんか自分にはよくわからないけれども、いいものらしい、というふうなことですんできたわけです。ところが科学のもたらすいろいろな功利的な面が、目ざましくなってまいりますと、政治家にしても、一般の方々にしても、今度は科学というのは役に立つということで、科学をみるようになってきた。研究をして新しい技術が出てくると、非常にお金がもうかる、だから大いに科学を奨励しなくちゃいけない、そういう見方が出てきたわけです。研究の施設を大いによくして、科学者を尊敬し優遇せねばならぬということの理由が、昔とはだいぶんちがってきた。

科学者を尊敬し優遇してくださるということ、これは非常にありがたいと思いますけれども、ここで、そういうあんまり功利的な面から科学を見るということは、はたして正しいことであろうか、という反省をもう一度してみる必要があると、私は思うのであります。功利的な面から科学者を優遇するというふうになりますと、科学者にとって、ちょっとありがた迷惑のようなところもないでもない。ほんとうに科学の価値のおきどころを理解しての上の優遇でありませんと、科学自体、歪んだ形になってしまうおそれがあるのです。つまり、科学の価値のおきどころが正しくないとすると、その優遇にむくいる科学者の行動もまた正しくない方向に向っていくおそれがあるのです。

科学と知的好奇心

ここで科学というものは、あまり功利的にみられてはいけないということを、非常にはっきり言った人がいます。イギリスのブラッケットという物理学者がある席で、冗談半分でしょうけれども、科学の定義を下しました。ブラッケット先生が言うのには、「科学とは国の費用によって、科学者の好奇心を満たすことである」。たいへん虫のいい話のようでありますけれども、科学というものの本性の、一つの重要な点を指摘している。現代の科学は、先ほど申しましたように、非常に予算もかかるし、国の助けなくしては、昔のように天才的な一人の科学者の力だけでやれるというようなことでないという反面、それにもかかわらず、やはり科学を進める原動力は知的な好奇心であるということを、一言でいうと、いま言ったような言葉になると思うのであります。

それでは知的好奇心だけで、健全な科学が発達するかという批判があり得るということは、私どもも覚悟しているわけです。好奇心にもいろいろありまして、程度のひくい好奇心ならば動物でも持っているわけです。猫などはいちばん好奇心の強い動物だと思うのですが、なんかふだんとちょっと変わったことがあると、猫というやつは明らかに好奇心を示す。ちょっと壁に穴があいていると、そこに手を突っ込んでみる。なんか動くものがあると、すぐそこにとびついていく。たしかに猫は好奇心をもっておりますが、人間の好奇心もそれに似た程度のものもありますし、それから非常に雄大なものもあるわけです。ただ、好奇心を満足するということだけですと、実際それでいいのかという批判があり得るということは、私どもも感じているわけです。つまり、いわゆる科学のための科学というスローガンに対する批判なので、科学者は自分の勝手なことを、偉そうにして、俺に任せておけというような顔をして、そしてやっていることは、実につまらないことだ、それでいいのかという批判、これは大いにありますし、歴史的にもそういう事実がないことはない。科学が暇つぶしの材料にされたというような歴史もないことはない。しかしそのような病的な現象は、むしろ社会が科学の価値を正しい形で理解することがないというところに、そういうことは起るのではないかというふうに思うのです。

たとえば、こんなことを言うと叱られるかもしれませんが、日本に昔、和算数学があったわけです。十七世紀のころ、ニュートン、ライプニッツの時代に、すでに日本でも微分積分学の芽生えがあり、関孝和という有名な和算の大家がいたわけです。ところが外国のように、非常に雄大な数学にまで発展しないで、どういうことになったかといいますと、むずかしい問題を出し合って、これを解く一種のコンクールみたいな形で、一種の知的な遊戯になってしまった。そういう歴史があるわけです。日本の数学と西洋の数学とがどういうわけでこんなちがった歴史をたどったのであろうか。私、考えますのに、一つには、数学という学問が体系的に組織されたヨーロッパの国々では、ギリシャ時代からギリシャ的な考え方がしっかりと社会に根をおろしており、数学における知的好奇心が、単に個々のむずかしい問題を解くクイズ遊びではなく、論理の体系化という雄大な面に向いていたという点にあった。ユークリッドの幾何学なんかいちばんいい例でしょう。ところが日本には、そういう伝統もふんいきもないということもあって、数学というものの価値を社会が知らなかったということで、結局和算家たちが知的な遊戯の中に逃避して、何々流一子相伝というような形でしか自己主張するみちがなくなったんじゃなかろうか。結局、社会がその価値を正当に認識しなかったということが、学者をして、非常に規模の小さい、自分たちだけの世界に閉じこもらせる結果になったのではなかろうかと思うのであります。科学の振興をうんぬんする場合に、やはりそういう観点から考えていかなくてはいけないというふうに、私は思うのです。

歴史の訓《おし》え

それではいったい、どういう基本的な考え方をしたらよろしいか。場合によっては、科学のための科学という、非常に閉じた世界で学者がひとりよがりになるということを批判しなくてはいけない。それと同時に、科学の功利的な面、役に立つ、あるいは金もうけになるというふうな面から考えてもいけない。ではいったいどういうふうに考えたらいいのかというふうなことが問題になるわけです。これは、私ども科学者が皆さんといっしょに考えていかなくてはならない、非常に大事な問題だと思うのでありますけれども、その答えは、科学のいままでたどってきました歴史、科学がどういうふうにして盛んになり、どういうふうにして衰えたかというふうなことが、非常に参考になるんじゃないだろうか。そういうふうに思うわけです。

科学の歴史を見ますと、自然科学は主としてヨーロッパにおけるギリシャ精神が基礎になっていると思うのです。近代科学はヨーロッパが先進国ということになっているわけですが、その歴史を見ますと、それぞれの時代において、あるときはある国が非常に進んだ科学をもち、ある国はそうでなかった。それが追いつき、追い越し、先に進んだ国は必ずしも永久にそうではなくて、やがて衰えるというような科学の興亡の歴史が非常にはっきり見られるのであります。それから科学が、ごく少数の非常に優れた天才によって押し進められるということがあるかと思うと、それだけでいかない面もある。天才を生むのに、やはりいろんな環境が重要な要素になっている。天才というのは生まれつきのものでありましょうけれども、必ずしも生まれつきだけではいかない面がある。一人の天才が出まして、非常に優れた業績をあげましても、場合によってはそれがその国では一向に評価されず、またときには後に続く者がなく、彗星《すいせい》のように現われて消えてしまう、そういうふうなこともあるわけです。天才というものは、そうめったに現われるわけじゃない。彗星のように現われて、そのまま消えてしまう。それを「天才(災)は忘れた頃にやってくる」といった人がありますけれども、まさにそのとおりで、いつどこに現われるかわからない。そこで、天才が現われてからあわてふためいて、研究所をたててやる、研究費をつけてやる、といってもだめなので、やはりそれは後を引受けるところの厚い層、あるいは社会的な環境がちゃんと準備されていなければ、そこでおしまいになってしまう。そういうことが非常にしばしば起っているのであります。

社会的な環境というのは、それでは何であるかと申しますと、やはり厚い層の科学者と、科学というものに対する一般の人たち、あるいは指導的な人たちの正しい理解と申しますか、正しい見方、正しい価値観がなければならないと私は思うのであります。私見ですが、科学の歴史をふりかえってみますと、ギリシャの精神というものがたいへん重要な役をしているように見える。そういう意味でその価値観をつかむためには、科学の初心に帰ってみるのも一つのやり方ではないかと思うのです。

科学と政治

次に社会における科学的環境をととのえるということになると、それは科学自体の問題ではなく、政治とか、行政の問題になってくる。そういう意味でどこの国でも、この頃は科学行政ということを非常にやかましくいうようになりまして、日本でもここ何年かの間、科学技術行政ということが叫ばれています。しかしそういう場合、基本的なフィロソフィーが健全なものでなければ、場合によっては行政のあるほうがないよりかえって悪いということになりかねない。科学というものは、芸術的な営みにも比べられるものでありますので、行政さえあればいいというわけにはいかない面が多分にあります。たとえば私に、予算はいくらでも出すから、一つ立派な音楽を作曲してくれとおっしゃったって、これはちょっとできない。そういうわけで、政府がいくらでも高給を払うから、何か大発見をしろと言われても、なかなかそうはいかないことが多分にあるのです。

これはイギリスのヘイルシャムという前の科学大臣、このかたはなかなか偉い人らしいのですけれども、政治と科学の関係、あるいは具体的にいうと、政治家と科学者の関係は、雇用関係、つまり国が科学者に月給を払って雇って、そしてその代償として仕事をしてもらってるんだという考え方をしてはいけない。むしろ昔のいろんな大名や金持ちが、芸術家を大いに庇護した、つまりパトロンというやつですね、自分も芸術が好きだから、絵描きのパトロンになってやる、絵描きなんていうのは、あまり人の命令を聞くのがいやな人種でしょうから、パトロンから保護はされているけれども、言うことはきかん、それからパトロン自身も、べつに言うことをきかそうと思って言うのではなくて、自分も絵が好きだから絵描きに補助を与える、国と科学者の関係もそういう関係であるべきだということを言っているわけです。こういうことを実は科学者の側から言うのは、はなはだ具合が悪いのでして、どうもパトロンがいないから俺はいい仕事ができないのだというんじゃ、あんまり通りがよくない。ところが幸いにして、イギリスの政治家がそういうことを言ってくれておりますので、これは私の意見ではなくて、政治家の意見としてお話しする分にはさしつかえない。そういう関係が実際、歴史をふり返ってみると、科学の上でも非常にしばしば起っているという感じがいたします。日本におきましても、昔の大名でご自分はへたくそでも美術を愛好したような大名のところからは、優秀な絵描きが出たり、ご自分ではあまり学問ができないかもしれないけれども、学問が好きだという大名のいたところからは、非常にたくさんの学者が出ているというふうなことが、事実としてあるわけです。

科学者の反省すべきこと

しかしながら、やはり科学者の側にも、いろいろ反省すべき点がないことはないのでありまして、たとえば学問が人間精神の自由な、かつ創造的な活動でなくてはならないという基本的な性格は変わっていないにしても、昔のようなわけにはいかなくなったということがいろいろある。そういう点を的確に理解しなくてはいけない。先ほど申しましたように、研究の規模が非常に大きくなってきたというふうなこと、ただ、天才という個人を待っていたのでは、追いつかない面が非常に出てきているということ、そういうことから、昔の研究のやり方とは違った方法を考えなくてはいけない時期になっているという点、これらの点に対してやはり科学者の側にも多くの改革しなくてはいけない、あるいは反省しなくてはいけない問題がある。そういう事実を的確に認識して、その解決法も自発的に考えなくてはいけなくなっている。自発的にいろいろなことを考えないで、どうもパトロンのやり方が悪いとかなんとか言っていたのでは、パトロンの側としましても、科学者というのは何を考えているのかさっぱりわからないというふうにおっしゃるのも、無理ないことだと思うのです。

こちらからいろいろと新しい考え方を打出していく必要があるというふうに、学者の側でも考えなくちゃいけない。もちろん学者は、実はあまりそんなことはやりたくないので、研究一本でいきたいのですけれども、それをやらなくては何ごともできない事態にきていると思うのです。そのときに、やはり学者のせまい専門の知識だけではじゅうぶんでない面が、もちろんあります。そこで必要なことは、非常に広い視野でものを考える能力を科学者自身がもたなくてはいけない、そういう事態になってきたわけです。もちろん、すべての科学者にそれを要求することは、むずかしい点もあるかと思うのですが、少なくともそういう何人かの科学者が必要になってきているということであります。

しかしながら一人の科学者があらゆる科学の分野を知っている、とくにまた政治、行政、あるいは社会、経済とか、場合によっては人間の問題まで、一人でやるということはできないわけです。そこで必要になってくるのは、いろいろな専門の科学者が自分の専門以外のことに、少なくとも専門以外の人と話をする能力、そういうものをもたなくてはならない。そういう、いわば知識の、あるいは知恵の交流というか、交換というものが、非常に要求されるようになってきたわけです。科学の歴史を見ますと、程度の違いはありますけれども、昔でも科学が隆盛した国は、ある人数のそういう科学者が、自分の専門だけに閉じこもらずに、いろいろ知恵と知識を交換する体制がうまくできた国でありました。そういう体制がうまくできていた国で、はじめて科学が盛んになり、そういう体制のうまくできていなかった国では、天才は出たけれどうまくいかなかった、そういう例がたくさんあるわけです。

いま、どこの国でも、アカデミーというのがあります。その歴史を見ますと、産業革命のあった十七世紀ごろ、昔の大学のせまい専門に閉鎖した性格、そういうものが科学自身の進展にそぐわなくなったのを打開する意味で、こういうアカデミー的な集団ができて、自発的に科学的環境をよくする努力をしたわけです。はじめは個人的な小さいグループから、だんだんに大きな団体に成長して、アカデミー——日本ではアカデミーは学士院あるいは学術会議といったようなものということになっておりますが——そういったもの、すなわち、ここでいろいろと専門を異にする学者が知識と知恵を交換して、みずから環境をととのえる努力をする場が、科学が盛んになりつつあるときには、どこの国でもおのずからできている。そういうものがうまくできなかった国は、科学の振興があまりうまくいかない。そういう状態が、歴史でも見られております。つまり、いろいろな分野の科学者が自分の専門分野で共通の足場をもって、専門の研究成果の交換だけでなくて、実際に科学活動を進めていくために、協力し合うという体制が、非常に大事なものなのです。日本でもそういう組織がないことはないのですけれども、組織を作っただけでは必ずしもうまくいくとは限らない。やはり広い視野をもった学者がじゅうぶんに知恵を出し合い、衆知を集める、そういう形が、形だけではなくして、実質的にもそういうものができなければいけない。

　実は総合大学というのも、いろいろな専門を総合するという意味が大事なんでありますけれども、形だけは総合大学で、実は何も総合されていないという批判もあるわけです。ここにはだいぶ学生らしき方もおられますが、学生諸君から見ましても、おそらくどういう意味で、いろんな専門が総合されているのか、ちょっとよくわからないというふうに、見ておられる方もあるかと思います。こういう点を、なんとかもう少し新しい、ほんとうに科学がうまく進歩していくために、科学者の側でも、他力本願でなしに、古い考え方を変えて問題を解決する努力を大いにやる必要があるというふうに、われわれ思っているわけです。そして科学行政は、この種の科学者の自発的な営みがやりよくなるように、いわゆるパトロン的にこの作業に手をかすというのがそのあるべき姿ではないだろうか、この自発的な営みなしの行政は、うっかりすると、雨のふらない所に作ったダムや水の流れのじゃまになる堤防になりかねないと思うのです。

この種の知識と知恵の交換ということは、現在ではもはや学者の仲間の間だけのものではまだ不十分です。先ほど申しました一般社会と学界との関係、それからまた政府と学者の関係、こういうふうなものも、いろいろ新しい問題が提起されているわけです。とくに先ほど申しましたように、国というものが科学の進歩に非常に影響を与える、それからまた逆に、科学の進歩が国あるいはひいては世界中の人類に、非常に影響するというふうなことから、いままでのようにアカデミックな社会と、それ以外の外の社会とが壁で隔たっているのでは、いくら優れた天才がときどき現われても、あとが続かないという事態が起る心配が、昔よりいっそう強くなっているわけです。これをどうするかということが、大きな問題なのです。これには、いろいろな制度的な問題もありましょう。しかしながら、どうもそれぞれの社会が風通しが悪いということがありますと、いくら制度的にちゃんとしたものを作ってみましても、風通しの悪いということが、非常に大きな障害になるのではないかというふうに、私ども思っているわけです。ただここで、政治あるいは政府と学者、科学者、あるいは政治と科学というふうに並べてみますと、本来非常に相反する点がたしかにあるのです。

ふたたび科学の本質について

科学というのはなんと申しましても、本質的に申しますと、先ほど言いましたように、知的好奇心を満足させる、これが非常に大事な要素でありまして、損得の問題は科学からは非常に縁の遠い問題である。非常に純粋に、科学のエッセンスを取り出しますと、結局そこへいってしまうわけです。今度逆に、政治というもののエッセンスを取り出しますと、これはやはり損得勘定――こんなことを言うと、しかられるかもしれませんが、損得勘定と申しましたのは何も銭かねのことと限らないので、いかにすれば最大多数の最大幸福を実現できるかという勘定だと理解していただくことにして、やはり損をしないようにするというのが政治の一つの大きな本質だといえるんじゃなかろうかと思うのです。そういう意味で、ここに非常に相反するものの間の関係をどう考えるかという問題がでてくる。もちろん、科学に損得の問題が全然ないとは言えませんし、政治も勘定だけではないわけなのですけれども、非常に純粋化すると、いま言ったようなことになって、この二つは全く本質的にちがった性格をもっているわけです。

ところが、この二つの相合わない性格のものが互いに無関係ではあり得ない。つまり、科学のほうは損得を無視して、どんどんやっていけばいいか、政治は、今度は逆な方向で、科学などを無視してどんどんやっていけばいいかというと、そうはいかないということになってきているわけです。これが昔の、政治とか科学とかいうのと相当違った、新しい問題を提起しているわけです。お互いに相反した人間の営み、あるいは場合によっては矛盾するような人間の営みが、お互いに無関係では、どちらも目的を実現できない、そういう事態になってきた。これは非常にむずかしい問題だといえるかと思うのです。

しかしながら考えてみますと、人間の行為というのは、科学と政治というのを大上段にふりかぶらなくても、同じ一人の人間のなかでも、非常に矛盾した要素があるのです。人間の存在そのものが、矛盾のかたまりみたいなものです。それが、一人の個人のなかにあるいろいろな矛盾は、やはりなにかそこに統一する原理をそれぞれの人がみつけて、そしてなんとか一日一日を過してるわけです。個人のなかにある、そういう矛盾を統一していく要素があるのと同じように、人間全体のなかにも、やはりそういうものがあるのじゃなかろうかというふうに考えざるを得ない。また、それができなければ、人間は分裂してしまうわけです。おそらくこの相反した人間の営みというものは、もう人間にとっては運命的なものであるわけなんですが、それを統一する原理はいったい何であるかということになる。これは私も、まだはっきりした解答をもっているわけではないのです。しかし本質において非常にちがった立場があるということは、もともと人間というのは、そこに何か足場がないと動けないという点から来ているように思われます。ちょうど数学をやりますときに、座標系というようなものが必要であると同じように、何か足場がないと人間は行動できない。そういうことではなかろうかと思うのです。その足場というものが、絶対に一つしかないというものではなく、全体というものはいろいろな足場をそのなかに包含できるような、そういうものではなかろうか。

そういう観点に立ちますと、統一原理を見出すために第一にやらねばならぬことは、足場のちがいがどこにあるかということを、まずはっきり見きわめることではないでしょうか。さきほど私は科学のエッセンス、政治のエッセンスを取り出してみました。それに対しておそらく、おまえは科学や政治をあまりにも単純化しすぎているという批判があるでしょう。科学といえども最大多数の最大幸福と無縁ではないし、政治といえども人間の自由な精神活動という要素があるではないかという批判があるでしょう。しかし、二つのものの関係を問題とする場合にまずやるべきことが、その足場のちがいを追求し、それを正しく理解しておくことだとすれば、その二つのものの共通点を一つ一つはぎ取っていって、最後に相違点だけをエッセンスとして取り出してみることが必要だと思うのです。まずこの作業をやらずに二つのものの関係を論ずるとすれば、議論はあいまいさの中に、あるいは混乱の中に空転してしまうのではないでしょうか。

私は、ブラッケットの言った、科学というのは国の金を使って科学者の好奇心を満足させることであるというこの言葉に、えらい感心してしまいまして、これこそ科学とか科学者とか政治とかの関係を論ずるとき、科学のエッセンスとして、科学の足場をはっきりさす名言だと思い、皆さん、同感であるかどうか知らないけれども、ひとつ皆さんにも聞いていただきたいと思って、それに蛇足をいっぱいつけたわけです。
長い間ご清聴いただきありがとうございました。

パグウォッシュ会議の歩みと抑止論

第一回パグウォッシュ会議が開かれたのは一九五七年ですから、今年でちょうど二十年目にあたることになります。この会議は、ご承知のように、一九五五年に発表された「ラッセル‐アインシュタイン宣言」に端を発する科学者の会議で、核兵器の出現によって存続をおびやかされている人類が、どうすればこの危機をのりこえ、戦争のない世界を創造し、全面完全軍縮を実現できるか、その道を見つけることがそもそもの目的であったわけです。

しかし、現実の世界は、この方向と全く逆に、国々の間の紛争はあとを絶たず、大国といわず小国といわず軍備はますます強化されています。そして、ラッセルたちが指摘した核戦争の脅威は二十年前よりはるかに大きいとさえ言えるのです。

われわれは一昨年、すなわち一九七五年に第二十五回パグウォッシュ・シンポジウムという国際的討論会を京都で開き、世界各国から来た科学者たちと話合いをしましたが、それはこのような事態のもとでは、何か今までと異なった新しい発想で問題を見なおさねばならぬと考えたからなのです。

軍備管理の考え方

そもそもパグウォッシュ会議というのは、今言いました「ラッセル‐アインシュタイン宣言」から生まれた会議ですけれども、二十年の間に少しマンネリズム化して、とかくその宣言の精神が忘れられ、私たちから見ると何かわき道にそれた議論の中で停滞する傾向が出てきたように思われたのです。もちろんこの会議は二十年間にいろいろ良いことをしています。しかし現実の世界が宣言と逆の方向に進んでいる今、われわれはこの二十年間を回顧し、そこでなされた仕事を総括し、そこから何か新しい方向を求めて会議の流れを変えねばならぬ時期である、と考えて、それを京都でのシンポジウムのねらいとしました。

それでは、これまでやったことで良かったのは何か。何よりもそれは米ソ間に雪どけをもたらしたことだと思います。第一回パグウォッシュ会議のとき、米ソ間の状況は正に激しい冷戦であって、そのころ、純粋な物理の会議などですら米ソの学者が同席することは、全くともいえるほどありえないことでした。ですから共産圏と反共産圏の科学者の間で平和か戦争かといったような、必ずしも純科学的とは言えない事柄について話合いができるかどうか、東西の学者が核兵器の廃絶といったようなことについて話合いができるかどうか、といった点で当時大きな疑問があったわけです。ところがこの常識を第一回パグウォッシュ会議が破った。これは非常に大きなことだったのです。

さらにこの会議が非常に友好的に行われたことと、会議で幾つかの共通の認識が得られたという事実があります。この会議で論じられたことは、原水爆の実験または実際の核戦争による破壊や放射線の害がどれくらい大きなものかの推定、それから、核軍縮に向う具体的な手順は何かといったこと、また、こういう問題について科学者はどういう社会的責任を分担すべきか、といったようなことでしたが、それらについて大なり小なり共通の考え方が出てきた。中でも核実験による放射線の問題は、純粋に科学的に、政治と切り離し、放射性降下物についての客観的データに基いて論じうるはずのものです。そこでわれわれ日本からの参加者は、日本の科学者によって行われた降下物測定の実験データを提出し、当時アメリカの政府に近い学者が主張し続けていた楽観的見解を批判しました。幸いにも会議に出席していた米ソ英の科学者たちのデータもわれわれのデータを裏書きすることがわかり、結局、会議に参加した日英米ソの科学者の間ではこの問題に関して完全な一致が見出されたのです。

放射性降下物の問題については、その前年国連の中に放射線科学委員会というのができていて、そこでも検討の最中でしたが、われわれのパグウォッシュでの結論より少し後に、同委員会はわれわれと同じ結論を公式にまとめ、こうして大気圏内での核実験は禁止すべきだという国際世論の糸口がここにできたと言えるでしょう。

このことはほんの一例ですが、パグウォッシュ会議で米ソのみならずいろいろの国の科学者が話し合っているうちに、米ソ間の冷戦状態はだんだんと緩和されてきて、平和共存の時代がやってきました。第一回以後ずっと繰り返されてきたパグウォッシュ会議は冷戦緩和の動きに対して絶えず運動量を供給しつづけていたと言えましょう。

しかし平和共存になっただけで事態が解決されたとは言えない。「ラッセル‐アインシュタイン宣言」でも、目標は戦争のない世界の創造であるとしている。しかしそれを一挙に実現しようとしても無理だろうから、核戦争による恐ろしい破局を先ず避けるために、さしあたり核軍縮をやるという考えをラッセルたちも持っていました。そこでパグウォッシュでも核軍縮の問題を取り上げ、ずっとそれに取っ組んできました。しかし回を重ねても会議でなかなか意見の一致が得られないようになってきました。

言うまでもなく、パグウォッシュの外部でも核軍縮の必要性は大きな国際世論になっており、米ソ両国政府もそれを無視できないから、何回も軍縮交渉を繰り返していました。そして核兵器を一挙になくすことは困難だから、先ずどこかに天井を設けようとか、核兵器の強大化にどこかで歯止めをかけるために核実験の停止ないし制限をしようとか、そういった議論が繰り返されました。ところが、軍縮にしても核実験停止あるいは制限にしても、いつも問題になるのは、協定破りを防ぐための査察が可能かどうかという点でした。水も漏らさぬ査察を行おうとすると、査察官はそれぞれの国に立ち入って現地査察をやらねばならぬが、そういうことは国家主権の侵害だという議論が出て、話は一向に進まない。

そこでパグウォッシュでは、この査察問題を何とかして科学の立場で解決できないかと考えました。つまり科学や技術の観点から、主権を犯すことなしに査察の可能性を広げることはできないか、といったような研究を熱心に論じ合った時期があります。一例をあげますと、現地査察を極端にいやがるソ連への対策として、現地への立入りなしで地下核実験を探知するにはブラック・ボックスという装置を使えばよい、という案が一九六二年ロンドンで開かれた第十回会議で提案されました。そしてこの提案は当時開かれていたジュネーヴ核実験停止会議で正式に討議されました。

しかしこういうやりかたは、核軍縮、あるいはさらに進んで全面完全軍縮へ向うよりは、むしろ核軍備を保有しながら、それに天井を設けようとか、その開発をどこかで停止しようといった、いわゆる軍備管理の考え方です。つまり、核兵器を減らしなくすることは現実的でないから当分それをあきらめ、しかし戦争が起っても被害があまり大きくならないようにしようという考え方です。ですがこれでは核兵器使用の可能性は残っており、小さいといっても核は核で、広島・長崎を上まわる被害は覚悟しなければならない。さらに、核兵器の大きさや数に天井を設けておいても、一たん戦争が始まれば協定などは無視され、可能な限り大破壊をもたらすものが作られ使われることはまぬがれない。いくら何でもパグウォッシュがそれで満足するはずはありません。

最小限抑止論

その不満に応えるものとしてパグウォッシュでは、早くから最小限抑止論という考えが提案されていました。

非常な大破壊を可能にする核兵器が現われた以上、かえって戦争はやれなくなる、という考えはしばしば政治家などが口にしますが、それをさらに精密化して一つの理論の形にしたのが最小限抑止論です。この理論は軍備管理の一種ですが、普通の軍備管理と違って、核戦争による破壊を出来るだけ小さくする、という点に止まらず、そもそも核戦争をやれなくしてしまおうという考えです。この理論を作り上げたのは物理学者たちで、それだけに一見なかなか理詰めの構成をとっており、理論の鼓吹者であるシラードという物理学者が一九六〇年に著わした「いかにして爆弾と共に生きるか」という論文が代表的なものです。彼はこの考えをすでに第一回パグウォッシュ会議のとき持っていたようですが、それは一九五八年カナダで行われた第二回パグウォッシュ会議でレグホーンというアメリカ人によって初めて提案されました。

最小限抑止論というのはどんな考え方か、まだご存知ない方のために少し説明しておきます。シラードたちは考えました。核兵器を制限しようとすると、さっき言いましたように、いつも査察が問題になって行き詰まってしまう。そこで査察をあまり厳格にやらないでもよいようなやり方で、核爆弾を持ちながら、しかもそれを使うような戦争が抑止される、そういった名案はないものか、と彼らは考える。その結果、そういう方法は存在する、という結論が得られたというのです。では、一体それはどんな方法か。

それはこうなのです。まず米ソとも核戦力をある程度保持するが、しかしやたらに強いものを持ってはいけない。特に一方が他方より圧倒的に強いものを持ってはいけない。なぜなら、そのときには強い方が勝つのはあたりまえで、従って強い方は先制攻撃で相手をやっつけてしまおうという誘惑に打ち勝てなくなるかもしれない。ですから、第一に両方の核戦力はほぼ同程度の、つまり釣り合った程度であらねばならぬ。そういう制限は必要です。ただしそのとき、釣り合っているほかに、戦力の大きさについて次の第二条件が必要だ。それは、両方とも相手の核基地を一挙に全部やっつけるには不十分な程度に核戦力をとどめておく。言い方をひっくりかえすと、相手から攻撃を受けても一挙に全部は壊されない程度にサイロ、すなわちミサイル打上げ塔をうんと堅固なものにしておく。さらにまた、核弾頭をつけた大陸間弾道ミサイルの命中精度はあまりよくないから、サイロを散開して設ける。このようにして、基地の全部をやっつけるには不十分だという条件によって核戦力の上限を決めるわけです。

ではその下限はというと、両方ともその保持する核戦力が、相手方の都市に対して我慢できないほど激しい破壊を引き起すには十分な程度に強大なものにしておく。これが第三条件で、これによって下限が決まります。計算してみると、基地を一挙に壊すには不十分で、都市を手ひどく壊すには十分だという上限と下限は確かに存在する。そこで両国はこの上限と下限の中間の核戦力を互いに保持すればよい。

それでは、どういうメカニズムで核戦争が抑止されるのか。それはこうです。今かりに一方が相手に戦争をしかけたいという衝動にかられたとします。しかしその保持する核を用いても一挙に相手の基地全部をつぶすことは不可能だから、相手はその残存基地から間髪を入れずこちらの都市に向って報復をするだろう。そしてその報復は都市に住む市民たちにとって致命的に激しいものだろう。そうだとすれば、その国の政府は、一たんは戦争をしかけようと思ったが、その報復の恐しさを思えば、その衝動を押えてその実行を思いとどまるだろう。そういうわけで戦争の勃発は抑止される。これがシラードたちの理論です。

しかもこの考え方では査察をそれほど厳格にやる必要はないのです。このやり方でも両国の核戦力は、ほぼ同じ程度でなければならず、また上限を越えることは許されません。ですから、ある程度の査察は必要です。しかしこのとき抑止が成立するためには、どちらの核戦力も上限と下限の中間にありさえすればよい。なるほど一方の核戦力が他方のそれより大きいなら、そっちの方が大きい報復力を持つでしょう。しかし一方の報復力が例えば五〇〇〇万の犠牲者を出し、他方の報復力は三〇〇〇万の犠牲者しか出さないとしても、余計損害を与えた方が勝ちだとは考えられないでしょう。相手を五〇〇〇万やっつけてはみたが自分の方も三〇〇〇万やられたとあっては、それは共倒れに等しい。三〇〇〇万もの犠牲を払うぐらいなら戦争をしかけるのはつまらないことで、やはり抑止に向っての心理的なメカニズムは十分に働くでしょう。ですから、上限と下限の中間にあればよい、という相当幅の広い査察で事は足りるわけです。

こういうわけで、米ソ両国がこの考え方を採用するならば、両国が最小限の核戦力を保持することによって、かえって戦争が抑止されるとシラードたちは考えたのです。

この最小限抑止論はパグウォッシュ会議で繰返し論議されました。はじめアメリカのレグホーンやシラードが言い出したころには、ソ連の科学者はじめ多くの人々は首をかしげていたのですが、やがて、これはうまい考えだと思う人が増えてきて、一九六四年インドで開かれた第十二回パグウォッシュ会議の声明には「最小限抑止の原則についての協定の可能性は全面軍縮協定に達するための最も有用な大通りの一つになる」という一節が見られます。ここで「協定の可能性」といっているのは、会議に出たソ連の連中も抑止論に賛成したことを意味するのです。もちろんそうはいっても問題はあります。例えば報復は間髪を入れずに行わねばならぬので、どうしても押しボタン式でやらねばならず、そうすると判断の誤りや回路の故障などで偶発的に戦争が勃発する危険がある。それをどうして防ぐか、といったような技術的な問題にパグウォッシュが熱中した時期もありました。ワシントン－モスクワ間にホット・ラインを引こうという考えはこういう議論の中から生まれたもので、事実米ソ間のホット・ラインは一九六三年に開設されました。

抑止論の見落したもの

ところで、この最小限抑止論がほんとうに理屈通り働くかという点について、湯川さんはじめわれわれは以前から大きな疑問を持っていました。ですがそういう疑問はパグウォッシュの中でどうも主流になれなかった。しかし、一九六〇年代の終りごろから七〇年代に入ると、最小限抑止という考えがどうもうまくいかないようだという事実が幾つか出てきました。

そもそも抑止論には一つの大きな見落しがあったのです。それは何かというと、核兵器やそれを運ぶミサイルに関して技術突破があると、抑止論の第一前提である釣り合いがとたんに破れてしまうことです。技術突破というのは、何かの発見とか発明、あるいは新しい着想が出てきて、それまで不可能とされていたことが可能になることですが、こういうことがどちらかの側で起ると、抑止が働くためには当事国の核戦力がほぼ同程度でなければならぬ、というさっき言った前提の第一が破れ、とたんに一方が強くなり、そこで抑止論は成立しなくなってしまう。一九五〇年から六〇年代の中ごろまで抑止論がうまくいくように見えたのは、その期間に大した技術突破がなかったからだと言えるでしょう。

実は一九六〇年に一つの技術突破がありました。それはアメリカの潜水艦が水中からポラリスと名づける弾道ミサイルの打上げに成功したときです。さっき最小限抑止論成立の第二条件として、相手から攻撃を受けても一挙に破壊されない基地の必要性について述べ、それを満たすためには十分堅固に、そして散開してミサイル打上げサイロを設ければよいという話をしました。しかしもう一つ、打上げ地点の所在を相手にわからないようにしておくという手もあった。ところが、大陸間を飛ぶほど大きくないものなら、弾道ミサイルを潜水艦からでも打上げできるということがわかったわけです。さらに同じ年にソ連もそういう潜水艦の保有を公表し、こうして米ソともに、それぞれ本土においた固定基地のほかに、所在を隠して相手に接近できる移動基地としてのミサイル潜水艦を持つにいたりました。

ですが潜水艦には指揮掌握のための交信が困難だという大きな弱点があるからでしょう、その出現が抑止論をだめにするとまではしばらく考えられなかったようです。しかしやがて理論の見落したものがはっきりと現われる時がきました。それはＡＢＭ(anti-ballistic missile)、すなわち迎撃ミサイルの出現です。

このＡＢＭとは、相手方から打ち出された核ミサイルを直ちに探知し、迎え撃ってだめにするミサイルで、一種の防御兵器です。しかし攻撃兵器でないからかまわないとは言えません。なぜなら、これを使って相手からの報復が防げるとなると、報復への恐れを利用する抑止論の前提が破れてしまう。米ソともにこういうミサイルを作る可能性を知っていたのですが、アメリカの科学者が種々の理由でその開発をためらっているうちに、ソ連はアメリカに先を越される恐れからでしょうか、それを開発して重要都市のまわりに配備してしまった。それは一九六七年のことですが、この出来事はたちまちに米ソ間の釣り合いを破り、抑止を成立させなくする事件です。余談ですがちょうどこの年パグウォッシュ会議は満十年を迎え、スウェーデンで記念すべき第十七回会議を開きましたが、抑止論の基礎をゆさぶるこの出来事の重大性から、せっかくの会議も大ゆれにゆれたということです。

余談はさておいて、この事態で破れ去った釣り合いを取り戻すために、アメリカは急遽みずからもＡＢＭを配備し、さらにＭＩＲＶ(multiple independently targetable re-entry vehicle)というものを開発し一九七〇年にそれを完成しました。このＭＩＲＶというのは一個の弾道ミサイルに数個の核弾頭をのせて発射し、目標に近づくとそれらの弾頭が一つ一つミサイルを飛び出て、それぞれの目標に突進するという兵器です。

そうなると今度は天秤がアメリカに傾くので、ソ連もＭＩＲＶを作る。しかもソ連は図体のでかいものを作るのが得意ですから、今度はアメリカが圧倒されそうになる。するとアメリカは命中精度で勝負しようというのでしょう、ＭＡＲＶ(maneuverable re-entry vehicle)という兵器を考え出した。聞くところによると、それはミサイルから飛び出たたくさんの弾頭を一つ一つ目標に向って誘導できるもので、従ってその命中精度はおそろしく高く、ミサイル打上げ塔をわずか数十メートルの誤差でねらい撃ちできるのだそうです。

このような高命中度のＭＡＲＶができますと、今度は抑止論の第二前提が破れ基地が一挙に壊されるおそれが出てきます。なぜなら、ＭＡＲＶに対してはサイロを散開して作るという手が役に立たなくなるからです。そこであらためて脚光を浴びはじめたのがかつて一九六〇年ごろ登場したミサイル潜水艦です。こうして米ソともに今度はこの隠密移動基地の増強にしのぎをけずり始めた。そうすると、この潜水艦を探知してやっつける兵器、例えば近ごろやかましいＰ３Ｃのようなものが作られる……。

このようにして抑止論に必要な釣り合いが技術突破で破れると、そのたびごとに釣り合いを取り戻すような何か新しいものが作られる。実を言えばここで話しましたことは米ソ間の競争の状況を思い切って単純化し図式化しており、実際の経過はもっと入り組んだものです。しかしとにかく、本質においては釣り合いの破れとそれの取戻しとの繰返しで、競争は限りなく続き、核兵器体系はますます巨大化し、高性能化し、その破壊力はますます恐るべきものになってきました。つまり抑止論はほとんど必然的に核体系の恐しい巨大化を引き起すのだと結論せざるをえないのです。

人間――この恐怖を抱くもの

しかし兵器を作るのは人間です。ですから人間がその気になれば、その巨大化を押え、あるいは進んでそれをなくすることも不可能ではないはずだと思われましょう。事実、米ソ間で戦略兵器制限交渉、いわゆるＳＡＬＴが開かれ、核兵器やミサイルの巨大化や量の増大を制限しようとしています。しかし現実には、一九七〇年に開かれて以来この会議は難航をきわめ、現在に至るまで意味のある成果があったとは思われません。いわんや核兵器をなくしてしまう交渉など誰も取り組もうとしない。

それでは人間の作り出すものの巨大化を人間が押えられないのは一体なぜだろう。その解釈にはいろいろあるでしょうが、私は次の点を指摘したいと思うのです。

さきにも言いましたように、抑止というのは、相手からの報復を恐れることで戦争を思い止まらすという心理的メカニズムでした。そのとき基本となるのは「怖さ」なのです。だから、実際の核が何発あるとか、ミサイルの量と質とがどうだということよりも、むしろ「恐怖の釣り合い」が抑止論の前提条件だとも言える。相手と自分との核戦力が釣り合うとか何とか言っても、問題なのは実際の戦力の大きさよりも恐怖の大きさという本来計量できないものの大きさなのです。だから抑止論で核戦力の上限とか下限とか言っても、それは実際には計量できないものを対象にしていることになる。そうすれば、私は心理学者ではないけれども、恐怖心というものは相手の強さを実際以上に大きく感じさせる性格を持っているように思われます。そうすれば、双方が力の釣り合いを求めるとき、必ず双方ともがみずからの力の増強を望むのは自然の成行きでしょう。従ってそれを逆に向けようとする交渉は非常に困難である。

さらにもう一つ恐怖心を持つのは誰か、という点があります。はじめ抑止論は、報復を受ける都市の市民たちの恐怖に基礎を置いたものでした。しかし核兵器やミサイルの技術が現在のように高度なものになってくると、一般市民にとってそれがどんなに恐ろしいものか、とても理解できない。それでその恐ろしさには実感が伴わず、従って恐怖は意識下に押し込まれてしまう。そういうわけで現在怖さを認識し恐怖を感じているのは科学者や技術者、それも核やミサイル開発の近くにいてそれを実際に開発する知識と能力を持っている科学者や技術者なのです。

それでは、怖さを認識している当の科学者たちが核兵器の開発をやめるどころか、逆にその破壊力をますます強めようとしている、一体彼らはどんな気でそんなことをやっているのか、こういう質問を私はときどき受けます。それに対して、高い報酬や豊かな研究費の魅力だとか、物作りに対する科学者・技術者特有の偏執だとか、功名欲だとか、あるいは人類的視野の欠如だ、とかいった答えができるかもしれません。しかし私は、逆説を弄するようですが、彼らの持つ「恐怖」こそが彼らを兵器作りにかりたてていると考えるのです。

そもそもアメリカの科学者が最初に原爆を作ったときのことを思い出してみましょう。第二次世界大戦直前のころ、ウランの核分裂が発見され、アメリカでもドイツでも、また他の国々でも、物理学者たちは、それを利用して爆弾を作ることは、容易ではないが原理的には可能だということを知っていました。ですから、戦争が始まるとアメリカの科学者たちはナチス・ドイツの科学者がそれを作るかもしれないということに非常な「恐怖」を持ったのです。そこで彼らはルーズベルトを説いて原爆計画を立て、ついに最初の原爆を作り上げた。そういうわけで原爆を出現させたのは正に科学者たちの「恐怖」だったわけです。

米ソ間の核兵器競争の経過についても全く同様なことが言えると思います。一例だけをあげますと、さっき言いましたＡＢＭです。当時、ＡＢＭについてアメリカの科学者もソ連の科学者も、それが原理的に可能なことを知っていました。そしてソ連の科学者はアメリカに先を越される「恐怖」から、それを開発して配備してしまった。そこからあと米ソ間の新兵器競争がどのように進んでいったかはさっき話しましたのでここで繰り返しませんが、そのどの段階でも、釣り合いが破れたと感じる恐怖が動因になっていると見てよいでしょう。

こういう歴史の跡を見ますと、科学や技術に進歩の余地があり、従って技術突破の可能性が残されている限り、人間の心に深く根ざした恐怖心、相手が自分より優位ではないかと恐れる心が、人を兵器体系の巨大化にかり立て、押えることのできない力で軍備競争は進んでいくでしょう。――ここで話の本筋からそれますが、軍備競争とは逆に、人類の福祉増進のために科学を役立てる企てが遅々として進まないのは、そのことが恐怖と結びつかず、従って常にあとまわしにされるからだという皮肉な見方もできそうです。

逆説的状況の深刻化

しかもこのような逆説的な状況は現在さらに深刻になっています。というのは、原爆やＡＢＭの場合のように、可能性がすでにすべての科学者に知られている場合と限らず、この種の恐怖は、未知の領域に挑んでいるとき科学者が常に経験するものなのです。

例えば、米ソどちらでもよいが、何か科学的な発見、あるいは技術的な発明、あるいは発見とか発明とかいうほどでなくても、何か新しい着想がどちらかの国の科学者またはは技術者の頭にひらめいたとします。そうするとその人は、そのひらめきだけで恐ろしくなることがしばしばある。というのは、科学やそれに基く技術は普遍性を持つものですから、自分の発見、発明、または着想が、相手国の科学者、技術者に気づかれていないという保証は何もない。むしろ向うはすでにそれを知っており、あるいはもっと先に進んでいるかもしれない、という疑心暗鬼に襲われる。そして、ぐずぐずしているとこちらは後手《ごて》になり、そうすれば完全な負けになる。だから一日も早くその着想を実現化せねばならぬと考える。そこでそれが人類にとって何を意味するかなどと考える余裕もなく、しゃにむにその開発に進んでしまう。言わば、科学者の人類的視野も怖さという暗雲によっておおわれてしまうのです。

先ほど、相手の優位に対する恐れから軍備競争は止めどもなく進むと言いました。ですが事態が今言ったようなものだとすると、それは、競争という言葉さえもが既に適当でないような不吉な状況です。つまり、どちらの側も、相手が自分より優位にあるかどうかなどの見さかいもなく、従って、釣り合いとか上限とか下限とか、そんなことには一切おかまいなく、盲目的に、発見、発明したもの、着想したものの中で有望そうなものはすべて開発しよう、という衝動にかられている。しかも、宇宙開発に伴って誕生した新しい技術や、それに関連してもたらされたコンピューターの進歩、そういうものを核と結びつけることによって、新しい着想の種子はいたるところに見出されるでしょう。

現にMIRVもMARVもそのようにして着想されたものでした。また、最近話題になっている巡航ミサイルというものも、これら新しく生まれたあらゆる技術を動員してできたものです。それは計器と記憶装置を内蔵しており、それによって自分の対地高度を測定しながら進路を自動制御し、山あれば上昇し、谷あれば下降し、超高空を飛ぶ弾道ミサイルと逆に、地面すれすれを飛んでレーダーの目をくぐり抜け、そして核弾頭もろとも目標に突入するのだと言われます。おまけにこれを水中の潜水艦から発射することも可能だということです。こうして兵器は巨大化するだけでなく、あらゆる科学や技術の粋を集め狡智の限りを尽したものが作られているのです。

ところで、兵器の巨大化と狡智化にはどうしても巨大な研究・開発・生産体制と莫大な資金が必要です。ですから政治家は最悪事態を想定して自国の劣勢を国民に訴え、その意識下に眠っている恐怖心を喚び起して世論を喚起しなければなりません。こうしてアメリカでは、かつてアイゼンハワーを心配させた軍産複合体が政治の中に深く根を広げて、軍産官複合体とよばれる状況になってきた。そしてそこからいろいろな政治的・社会的ひずみが出てきて、それがアメリカ国内に止まらず世界中に波及していくように見えます。

このようにして、抑止論において戦争抑止に有効だと考えられた「恐怖」なるものから、意図しなかったような巨大な軍備と、予想しなかったような種々の社会的ひずみが生まれてきた。そういう歴史の皮肉をわれわれは今目の前に見ているのです。

科学や技術に発展の余地が残っており、かつ、国家というものは軍備を整え、国益を守るために武力を用いて当然だ、という考え方が是認され支配的である限り、また特に核兵器の存在が許されている限り、たとえ名目が抑止であるにしても、この世から恐怖はなくならないでしょうし、恐怖が人をかり立てているこの不吉な逆説的状況も解消しないでしょう。よく、備えあれば憂いなし、と言われますが、今の状況は、備えても備えても憂いはなくならないどころか、いよいよますます憂いは大きくなるという異常なものです。

そして、このような状況のもとでは、さっき言いましたように、科学を人類の福祉に役立てるという企てはとかくないがしろにされる。地球上の多くの場所には、貧困と飢餓と疾病に悩まされている人々が、より人間らしく文化的で健康な生活を求めてやまないのに、地球上の他の場所では、そういう人たちの声が耳に入らぬかのように、莫大な金と頭脳と労力とが湯水のように兵器の生産につぎ込まれています。このような矛盾も現在のような逆説的状況のもとではとても解消できないのではないでしょうか。

むすび

このような歴史を見ただけでも核による戦争抑止という考え方は破綻せざるをえないと私たちは信じるのですが、抑止論をだめにするもう一つの無視できない要素に、いわゆる核の拡散があります。京都で開いた国際シンポジウムでは、この拡散問題をも含めて抑止論のもたらす諸々の事柄について検討を行いました。その結果、参加者の大多数が、抑止論はもはや成立しえず、それはいろいろな害悪をもたらすものだということを結論しました。そして、現在の異常状況から脱却し、抑止論を超えた、より健全な基礎に立って戦争のない世界を創造し、そして全面完全軍縮を実現する道について、いろいろな構想が披露されました。しかしこれらのことは本書〔湯川秀樹・朝永振一郎・豊田利幸編『核軍縮への新しい構想』、岩波書店、一九七七年〕の他の論文でくわしく論じられていますから、ここではその議論をすべて割愛したいと思います。また結びの言葉としては、シンポジウム終了直後に湯川さんと私の名で発表した声明「核抑止を超えて」を以てそれにかえたいと思います。

紀行

北京の休日

共産国の人たちといっても、別にあばら骨が一本多かったりすることはないから、日曜には郊外に息ぬきにも行くし、時には、かなしい映画を見てもらい泣きに泣きぬれることもあろう。

日曜日の北京は、バスとトラックのキャラバンが初夏の郊外にくり出していく。トラックにこしかけをしつらえて出かけるのは職場の団体リクリエーションというところであろうか。家族づれ、友だち同士、こういうとき「人民」たちの顔つきはどこの国でも同じである。

中国人は昔から生活の中に時間を見つけ出して、閑暇を楽しむ術に長じているようだ。お茶ののみ方にしてからが、そういうふうに出来ている。こういう郊外の名所で、お寺の境内の木のかげ、公園の池のほとりでお茶をのむ。茶代を出すと、コップの中に茶の葉を一つまみ入れたのをくれる。そこに熱い湯をさすと、お茶の葉がやがてふやけて新芽そのままの形に開いて、湯の中で浮いたり沈んだりしている。そんな葉っぱの上り下りをぼんやりと見ながら、思い出したように、ときどきお茶をすすり閑談する。半分ぐらい飲んだ時分に、またお湯をさしてくれる。こういうことをくりかえすので、一つまみのお茶で一時間でも二時間でもすごせる。話の種がなければトランプでもするという手もある。

お寺の裏の亭《あずまや》でも、トランプをしている人がいる。規則の簡単な遊びのようで、だからやっている人はあまりかんかんにならないでもよろしい。意識と無意識の境目あたりで、半分は、こずえを渡ってくる風の感覚も味わい、きこえてくる鳥の声もたのしむ、という程度の、中くらいの注意の集中で勝負が出来る。それでなければ郊外に出て来てやる意味がないではないか。

南京の、玄武湖という湖のほとりの山の上に古いお寺がある。このお寺の、湖を見おろすところがお茶どころになっている。ここでは、一杯のお茶を注文して、そのまますわって勉強をしている学生がいる。ちょっとのぞくと、幾何学のご勉強らしい。昔、学生のころ、京都の黒谷さん〔青竜寺〕の山門へ、夏の試験前、本をもって勉強に行ったことを思い出した。自分のうちでやるよりも、涼しく、空気がよく、よりよく頭に入るような気がしたが、所かわってこの中国の若い学生も同じ気分なのであろうか。

　若い人たちはお茶をのむだけではものたりないにちがいない。南京郊外の霊谷寺の山門は、下がお茶どころになっているが、楼上は人々が勝手に上って集会所につかっている。下でお茶をのんでいると、笑い声、うたの声、楽器の音、かっさい、とあまりに上がにぎやかなので、ちょっと拝見に行く。どういう集りであるか、若い人たちが、中国風の楽器と、西洋渡来のハーモニカなどをならし、民謡のようなものを歌っており、少女がおどったりしてよろこんでいる。かくし芸のひろうをしてかっさいしているようである。少女のおどりははなはだかれんで、少々てれくさげな所が大いによい。

　巴金《はきん》先生原作の「春秋」という映画が評判だというので、それを見せてもらった。時代は今から四十年ぐらい前のことだそうで、女主人公が、意中の人に自分の気持をあからさまに打ちあけることができず、親のきめた見知らぬ男にとつがねばならない。少女は、その意中の人に自分の気持をそれとなく伝えようとするが、その人はそれを察してくれない。そうこうするうちに、いよいよ結婚式の日がきた。しかしどうしても気が進まないので、式に出ることをがん強にこばんで、父母をこまらせる。父親は、その少女の意中の人に、それとは知らず、説得をたのむ。その人は、この時になって初めて少女の心を知るのだが、その式を解消させて自分が少女と結婚するだけの決断がつかぬ。今ではもうおそすぎる。お父さんのことばに従いなさいと断腸の思いでいう。少女は、もはや止むを得ず、見知らぬ男のもとへとついでいく。

こういう大すじであったが、見物の中に感きわまっておいおいと泣き出した女性がいる。自分もこの女主人公と同じ運命にあるのであろうか、いつまでもいつまでもおいおいと声をたてて泣いている。

こんなことを書くと、われわれ物理学者訪中視察団が、お茶をのみ、映画をみて、遊んでばかりいたようだが、これは多忙な講演や視察の間に見出した休み時間の印象記である。数億の人々から成り、一日一日変っていくこの大きな国のほんとうの事情は、せいぜい二週間そこらの旅行では、しょせんつかめるものではないかもしれない。しかし、どこの国でも、その国のありようは、こういう人たちの、よそゆきでなく何気なく一ぷくしているところに案外正直にあらわれていることもあろうか。

ソ連視察旅行から

ノボシビリスクの研究所

帰りにノボシビリスクという、シベリアの町に行きまして、ここで研究所を見たんです。ここには科学アカデミーのシベリア支所があるんです。そして物理以外の研究所もある。

ここに流体力学研究所ってのがある。そこの所長が、そこの支所の総裁、そこのアカデミー分所の大将なんですけど、これが相当の大人物らしいんです。

流体力学研究所で何をやっているかというと、例えば津波の研究をやっている。それから water jet っていう、何か水をパッと吹き出して、こんな厚い壁に穴をあけるんですが、大変な圧力らしいんですね。それがお得意の研究です。

それからもう一つは、鉄の板の上に銅の板をくっつけたりするんですがね。それが火薬を使って。つまり、厚い鉄の板を置きまして、その上に割合薄い銅の板を置いて、そのはじをちょっと上げとくらしいんです。そこに楔形の空間ができる。そしてこの上にTNTをズーッと置いて、そしてこっちから火をつける、そうするとこれがベタッとくっついちゃう。楔形の空間がこっちから圧力でシューッと、あのチャックをギュッとしめるような具合でくっついちゃう。

どうしてこんなのが流体力学と関係あるんだと思ったら、くっつくときに、接触面が非常な圧力と非常な速さでこっちからあっちに動くというときに流体と同じ性質を呈するというのです。それでこの境界面にturbulenceが起こる。なるほど実際くっついたのを見ますと、波形、顕微鏡で見ますと、いかにも鉄と銅の間に渦ができている。そしてこれは、turbulenceができて、両方がまじって、非常によくくっつくというのです。そういう研究を流体力学研究所でやっているということ、これは非常に興味がある。

それから、ここでやっていることでシベリア開発に一番直接関係のあるのは、地質研究所なんです。話によると、シベリアからは、石油も出るし、石炭も出るし、金も出るっていうのです。地質調査の地図があるんですけど。ダイヤモンドも出るっていうんです。ダイヤモンドの標本、これくらいの木の箱にザクザクはいってるんです。小さいのはゴマつぶくらい、大きいのは小指の先ぐらいで、これがきれいに結晶しているんです。八面体ですね。それで、僕も、磨いてないダイヤモンドは初めて見たんですが。金剛石も磨かずばって歌がありますけどね、磨かないでもピカピカ光ってるんです(笑)。

シベリアにダイヤモンドがあるってことは、大分前にそこの次長さんがいろんな地質調査で予言してたんです。それが最近見つかったということです。ですからシベリアの地下資源はほとんど無尽蔵だっていうんで、ただ問題は非常に寒い所ですから、これを掘さくする機械が寒さでもろくなる。そこに問題があるってなこと言っていました。

石油もいくらでもあって、しかも重油の性質が非常によくって、実際見ますと色が薄いんです。ビールぐらいの。日本でもぜひシベリアの石油を買いなさいという。私が日本の通産大臣ならそういうふうにいたしましょうと言った。

それからここの原子核研究所なんですが、シベリア開発の中心だという意味で、地質だとか流体力学等があるのはわかるんですが、原子核物理は、あんまりシベリア開発とは関係がないようです。原子炉なら関係があるけれど、ここにあるのは加速器なんで。

そこの所長さんがいろいろ説明してくれたんですが、ここの原子核研究所の方針としては、大きなconventionalな機械を作るという方針は取らない。ですから、今ドブナとかセルンとかブルックヘブンにあるような、ああいう機械は作らん。第一そういう金がない。ここで狙うのは新しい加速器を開発する、それを狙っているというのです。

どんなことを考えたかというと、まず鉄を使わないマグネットはできないであろうかという研究をした。しかしこれはやめたというんです。ノボシビリスクが、その町作りが始まったのは一九五七年からで、まだ七年ほどしかたっていないんですが。それを初めしばらくやったがやめたというんです。その理由は、super-conductor を使うというアイディアが出来て、その方がよさそうだ。だから、それまで考えていたアイディアよりそっちの方がよさそうだから、前のはやめたと言うんです。やめたけど super-conductor をやるとは聞きそこねました。

そこで次に考えたのは例の colliding beam machine というやつです。エレクトロンを一応考えているんですけど、加速したエレクトロンをぐるぐる回して溜めといて、相当たくさんのエレクトロンが溜ったところで、こっちから逆に回して溜めておいたエレクトロンとぶつけさせる。そういうアイディアを考えたという。相当たくさんのエレクトロンを集めないと、ビームとビームはスースー素通りするだけで、ぶつからないんですが。それをまあ何回となく回しているうちにどれくらい溜るかという計算をして、そして可能性があるということで、機械を作ったと言うんです。それは、ビームの回るドーナツ、半径一メートルくらいの大きさですかね、右まわりのと左まわりのと二つそなえた機械を作って、そろそろ実際ぶつかっているかどうか、spark chamber をもってきてこれからしらべるんだと言っていました。

しかし、これは experimental accelerator だと言うんです。その意味は、これを使って実際にやるというんではなくて、はたして colliding beam というのはうまくいくかどうかを実験するための装置だと。それを作ったんだけれど、アメリカのスタンフォードで同じアイディアが出てきて、ここよりもう少し大きいのを作るらしいから、それでまた別のことを考えたというんです。

それは electron-positron の colliding beam。それだと、ドーナツが一つでいいって言うんです。エレクトロンがこう回ればポジトロンは逆に回る。それを作ったと言うんです。それも見せてもらった。それから electron-positron colliding beam というのは、初めそういうアイディアが出たんだけど、そんなのうまくいくまいというような意見もあったんだけれども、イタリアのたしかフラスカティでもやっているというんで、これは大急ぎでやったんだ。

それからelectron colliding beamもあきらめたわけではないんで、もう一つ大きいのを作りかけていると。しかしこれも冒険であって、これはむしろpsychological accelerator(笑)、psychological and political accelerator、つまり大いにみんなの関心を惹くための。

それから、ここではプラズマもやっているんです、核融合をねらって。これもモスクワやあちこちでいろいろやっているのと同じようなことはやらん。ここではすべてsuperという字のつくプラズマを研究している(笑)、super high temperature, super low temperature、それからsuper short plasmaとか。それでそのsuper shortというやつ、非常に時間の短いもの、super longの方はできないらしいが、非常に短時間でいいからうんと温度の高いもの、それをやったらどうやらニュートロンが出てきたらしいというようなことを言っていました。しかしそいつは怪しいという人もいるんだそうです。

とにかく、最後にいろんな話をしてくれましたが、ここでは、やれば必ずできる、それを使えば必ず何か研究できるというようなものはやらん。そういうのはウラルの向うに任せて、シベリアではそういうことはやらん。ここの研究所はパイオニアの役をするのだ。

実は、大きな機械を作る予算がないからなんて言っていましたけど、考えますのに、何かをやってみて作っちゃ壊し、また大きいものを作っちゃ……といった大胆なやりかた。結局大きいものを一つ作ると同じくらい金を使ってるんじゃないかと思うんです。

ここでそういう方針でやると決めるまでにたいへんな struggle があった。そう言っていました。その研究所長の名前が colliding beam に非常にふさわしく、ブツケル(Budker)さんというんです(笑)。

ソビエトの教育

モスクワでは最後に、先にもちょっと言いましたけど、文部大臣ていいますか、高等教育省の長官に会って、いろいろ教育の話を聞いてきました。

ソ連では、それぞれ共和国の教育に関する自主性を尊重して、それぞれの共和国に文部省がある。そこでいろいろ教育の方針、教育のことに、中央の高等教育省はあまり干渉しない方針だ。しかしながら、やはり、学校の水準に高低があったりしては困るので、たとえば何歳から小学校へはいるとか、義務教育は八年、それから大体どういうような課目を教えるかということは、一応揃えるようにしている。

それで言葉ですね。それぞれの共和国は、それぞれ自分の言葉を持っているので、自国語で教育するという建前なんだけれども、大学等に進むような学生は、たとえばアルメニアの中学校を出たのがモスクワ大学へはいるようなこともできるように、ロシア語のコースと母国語のコースと両方作ってある。そして小学校ではその選択は親がする。それから、それぞれの共和国の大学にもやはり両方のコースがあるんだそうです。大学では当人の、本人の選択だと。言葉の問題はそういうことなんです。

それから、われわれが一番関心を持ったのは、例の大学の入学試験、大学がどういうふうにして学生を入れるかということです。これについては、やはり大学の定員というものはあって、そしてそれは非常に厳格に守られていることになっているんで、一人でも志願者が多ければやはり入学試験をする。それで、現に大学に進学したいという学生が入学定員よりも多いので、ほとんどすべての大学が入学試験をやっている。入学試験の問題は全国一律だという。一律というのはつまり、専門によって違いますけれど、たとえば物理をやりたいという学生に対する問題はどこの大学も同じ。それから試験の期日は、これも全国一律、同じ日。したがって、落ちてからほかの大学へはいることはできない建前です。

落ちた学生は、夜間大学、夜間コース、あるいは通信大学の通信教授というようなものので勉強することはできるし、もちろん就職する学生もいる。通信教授で一生そのままでいく人もいるが、もういっぺん来年受ける人もいる。そういう意味では浪人ですね。それから予備校あるかって質問したら、あるっていう返事でした。予備校という学校はないけれども、予備コースというのはある。これはあのレニングラードの Polytechnical Institute に行きましたときも、その Polytechnical Institute には、大学の入学試験を受ける予備コースがあると言っていました。

それでちょっとおもしろいのは、ソビエトの学生は全部授業料を払わなくってもいい。全部国費でやるんだけれども、予備校だけは、予備コースだけは、授業料を出すんだそうです。これは、つまり、家庭教師を雇うのと同じような意味のものだから授業料を払うんだというのです。ですから家庭教師ってのもあるらしいですな。教育はすべて国営、国費ってでんですけども、家庭教師ってのは私営、こういうのはまあ認められているような感じでした。

それから、全国同じ日に試験をやるっていうけど、モスクワ大学だけは例外だという話です。モスクワ大学はほかの大学より一月前に試験をする、モスクワ大学といっても、おそらく自然科学関係だけだと思うんですけど。ですからここで落っこったのは、ふつうの大学を同じ年に受けることができる。ですから、モスクワ大学は特に優秀な学生を集めるということになるようです。日本ですと、大学の格差をつけるなという議論が必ずでるんですけど、ここはまあ秀才を集めるということらしい。

ノボシビリスクの秀才教育

それからノボシビリスク大学なんですけどね、やはり入学試験のやり方を質問したんです。そうしましたら、初めはふつうの大学と同じようにやっていたが、この頃は少し方針を変えて、大学のもとに physico-mathematical school というのをつくって、ここへ先ず入れる。

そしてこれは、シベリアの各地に新聞広告を出して募集する。そして、科学者になりたいという少年が応募するんです。そうするとまず郵便で試験をする。郵便で試験というのは、その子のはいっている小学校に問題を送って、そしてそこの先生がカンニングしないように監督して、そして解答をノボシビリスクの大学に送ってくる。それで、その中からまず優秀なのを何人かとる。

そして今度、そこでパスしたのを旅費も滞在費も皆大学もちで呼び寄せて、そして大学で試験をする。そしてまたふるっていく。そして最後に面接をして、この三回関門を通ったのを physico-mathematical school というのに入れて、ここで物理と数学をみっちり仕込むというんです。そしてそれから大学にはいる。

文部大臣に会ったとき、その話もでました。八年の小学校は義務教育で、それはもう一般的な、つまりソビエトの市民として必ず身につけておかなければならない教育をやる。次に中学校を通って大学へはいるわけだけど、その中学校は、やはり一般大学へはいるのに必要な教育をそこでやるのであって、専門教育ではない建前で、やはり大学へはいるのに誰でも必要な教育をすると。しかし専門教育的なことをやっている学校もある、ということを文部大臣は言っていましたが、ノボシビリスクはまさにそれなんです。そこで、その物理と数学をみっちり教えこむらしいです。

そこでまた大学へはいるとき、またふるうんでしょう。そして大学へ入れて、この大学では、始めの二年は講義を中心にしてやるけども、その後、三年からはノボシビリスクのいろいろな研究所で仕事を手伝いながら勉強する。ここの方針は、物識りをつくるよりも、研究というものはどういうものかということのわかった人間をつくるんだと、そういう説明があった。

ただし、これには反対だという人も、現にここにもいる、この部屋にもいるという説明でした(笑)。つまり、そんなに早く、英才教育なんですけれども、専門化しちゃうということが、いいかどうかということ、若いときにはもう少し広い教養をつけとくべきじゃないかという意見と、それから、早熟な人間を集めるだけで、ほんとに優秀な人間であるかどうかわからんという、両方あると思うんですが、反対もあるんだという説明でした。とにかく、これも一つの実験ですから、だいたい、さっきの加速器と同じですね、実験やってるんですよ。機械の場合は駄目だからやめたって言えるんだけど、人間の場合には、それが、駄目だからやめたと棄てちゃうわけにはいかんと思うんですけど。そういうかなり冒険的な実験をここではやっている。

それから僕がブツケル先生に、この大学は文部省の下にあるのかと聞いたら、そうだと言うんです。どうもいやいやながらね、と言うんです。話をきいても実際はアカデミーの下においた方がいいようだと思われるんですが、どうもやはり向うでも学校教育法とか文部省にも設置法というのがあって、そう勝手にはいかないのでしょうな。

まあそういう話で、シベリアのノボシビリスクは、あらゆる面でかなり冒険的な実験をやっている。ここは非常に若い人が集まっていまして、平均年齢が三十四、五歳、そして、ソビエトで一番、いや二番目に出生率の高い町なんだそうです。その説明に、ここは夜が長いからだと言うんです(笑)。もう一つはもっと北の、あのヤクーツクの方の町だということです。そこは夜がもっと長い、半年ぐらい夜(笑)。

学者天国

それから、教育とか研究という話はそれくらいですが、とにかく、いたる所、研究所は今増築の最中です。いろいろ新しい建物をたてて新しい機械を作っています。これはこないだ植村さんにちょっとほかの用事で会ったんですが、彼もソビエトを見てきて、ソ連という国は学者天国だなって言っていました。実際、研究所はどこもかしこも新しい設備をつくっている。これはキエフの研究所の話ですが、この研究所の沿革とか組織とかを書いたパンフレットのようなものはないかと聞いたら、そういうものを書いても今どんどん大きくなるので、少し落着いてから書く(笑)。なるほどそれももっともなんで、今書いても来年はそれが古くなっちゃう。

そういうわけで、まあ学者といってもいろいろあるが、少なくとも自然科学者にとってはほんとに、学者天国でしょう。

レニングラードのPolytechnical Instituteの学長に会ったんですけれど、壁の塗り替えをやっているんです。壁を全部塗るのにいくらかかると言ってましたかな、ものすごく多くなんで、廊下のこっちのはしから一番向うのはしまで二百メートルとかある。われわれがかけっこしたら途中で息が切れちまう。その壁の塗り替えをやっていました。そのとき学長が言うには、これにはいくらいくらかかるけれども、自分は別にそういう予算を出せっていうような運動は何もやらんって言ってました。ソビエトの管理職ってのは、予算の心配はないし、ストライキはないし、うらやましいなと思った(笑)。

ふたたびノボシビリスクについて

一番はじめのソ連のアカデミー総裁はケルディッシュがやっているんです。いろんな話したんですけど、そのケルディッシュが、やっぱり辺地へはなかなか行きたがらんということ言ってました。ただノボシビリスクは非常に設備がいいし、辺地というほどでもないので、あすこでは問題ないんだけども、辺地には行きたがらんということ。

それからその時にね、いろいろ教育の話が出たんです。今いろんなティーチング・マシンとか、それから大量教育っていう言葉があるでしょう。ソビエトでもそういうことやってるかって聞いたんです。そしたらねえ、文部大臣はおそらくそういうことやりたがっているだろう。しかし、自分はそういうやり方に懐疑的だと、むしろ、たとえばバレーとか、音楽とかいうのはね、タレントをいろいろ探しまわって、そしてそれを育てるということをやっている。科学者の教育もやっぱりそういう方法でやるべきだと思う。そういうこと言ったんです。それをまさにノボシビリスクでやっているわけです。そういうティーチング・マシン、そりゃね、教育するのに映画使うとか、テレビ使ったり、そういう新しい、むかしなかった方法があるってことは事実で、そういうのはまあ有効だろう。しかし、それにあんまり期待をかけることは、自分はあんまりしないと言っていた。やっぱり、教育ってのは人間対人間のものだ。そんなこと言ってました。

中島健蔵　ノボシビリスクのバレーてのは、ごらんになりましたか、あれたいへんなんですよ。僕はね、広東で見たんだけど、びっくりしちゃった。ボリショイなんとかと対抗してね、全然違う。恐しいようなことをやっている。ノボシビリスクには、僕、興味がある。そういう町なんですよね。

とにかく冒険をする町という感じですねえ、バレーまでそうだったというのは初めてだ。

中島　ボリショイと対抗してね、ボリショイのきまりきったやつをぶち壊してやっている。

やっぱり、とにかく、物理とか、大学は全部そうです。こういうことはもうウラルの向う側に任せてある。ここは違うことをやるんだ。ですから、それは科学だけでなく芸術でも。

中島　そりゃすごいもんですよ。もう足元にもよれないようなね、弓なりになったりいいものをやってました。

どうもね、あの町全体がね、新しい実験、冒険というので、まあ、文部省も目をつぶるという。

スウェーデンの旅から

（一）

私、大きい声出ないことないんですけれど、興奮しないと出ないものですから、なるべく前へおつめになってください。

今日は、松井〔巻之助〕くんがどういうご案内をさしあげたのか知りませんが、私としましては、あんまり皆様のおためになるようなお話はしないつもりでおります。この間、五月にストックホルムへ参りまして、その後ちょっとヨーロッパの国、と申しましても、デンマークとスイスと西ドイツとですが、それぞれ一日か二日ずつですが廻ってきました。ヨーロッパはしばらくぶりで行きましたのですが、自分で面白いと思ったことがございますので、それをとりとめもなくお話したいと思います。皆さんに興味がおありかどうか、さっぱり自信がないんですが、思いつくままに、しばらく時間を拝借したいと思います。

怪我の功名

今度行きました目的地はストックホルムでございます。昨年どうしたことかノーベル賞をもらいまして、その授賞式が十二月にあったんですけれど、幸か不幸か、事故にあいまして行けなくなりました。向うの規則によりますと授賞した日から六カ月以内にストックホルムで講演することになっていて、普通は授賞式の次の日か、次の次の日にやることになってるんでございますけれども、私はそれができなかったものですから、六カ月以内ぎりぎりの五月に出かけることにいたしました。

実は十二月の授賞式にはあまり行きたくなかったのです。だいたい十二月というのは寒いときで、私は寒さは大きらいで、そんな北の国へ十二月に行くのは気がすすみません。それから、またいろんな儀式の予定がぎっしりつまっていて、これもたいへん苦手でございます。燕尾服を着なくちゃいけないとか、燕尾服はまだいいのですが、燕尾服を着るとシルクハットをかぶらなくちゃならない(笑)。

しかし、初めは、いやですともいえないものですから、行くつもりで燕尾服を作り、シルクハットを買ってきたのですが、そのシルクハットをかぶって鏡に姿を映してみますとどうも、あまりよく似合わない。シルクハットというのは、実際はかぶらずに、手で持ってるだけなんだそうですが、それにしてもあんまり近代的ではない。ことに私のようなどっちかというと野蛮人……まあ野蛮的文化人というカテゴリーにはいるらしいんですけれど、それにはさっぱり似合わないんです。

それが、まあ幸か不幸か、不幸か幸か行かないことになりました。風呂場で転んだんですが、そのとき第一に心の中に浮びましたことは、これでストックホルムへ行かなくてすむ(笑)。これは正直に言ってることなので、ちょっと活字にされると困るんです(笑)。といいますのは、向うには、ぜひ行きたいのだけれど、たいへん残念ながら行けないという手紙を書きましたので、そんなことが向うに知れるとたいへん具合が悪いんです。

それが五月になりますと、気候もよろしゅうございますし、それから行事等も、あんまり四角張ったものはないようなので、かえってそのほうがよかったというように思ってるわけです。これを怪我の功名というのでしょう(笑)。

それで五月の初めに出まして、一週間ストックホルムにおりました。ところが五月が一番いい時だということだったのですが、ヨーロッパも多少天候がいつもと違いまして、一時非常に暖かかったそうです。ことしは、ずいぶん春が早く来たといっていたら、また寒くなって、ちょうどことしの東京の天候がそういう傾向があったわけですが、ヨーロッパもそれと同じようなことがあったようです。

着きました日は、割合あったこうございまして、公園なんかでみんな日なたぼっこを楽しんでいました。その日は、朝ロンドンで飛行機乗りかえたのですが、ロンドンはたいへん寒うございまして、むしろストックホルムのほうがロンドンよりあったかいような日でありました。向うへ着きまして、思ったよりあったかいじゃないか、ロンドンは朝たいへん寒かったといいましたら、それじゃあ、あしたから寒くなる。スウェーデンでは、なんでも悪いことはイギリスから来るということになっているんだそうです(笑)。

そうしたら、案の定、あくる日、目がさめましたら雪が降ってまして、すっかり度肝をぬかれました。雪が降るといっても、もちろんみぞれ、雨まじりの雪でしたが、朝二時間ばかり降って、後は雨だったのです。とにかく雨が続きまして、思ったより寒いというので、まだ木も、青い葉っぱも出ていないで、枯木のままでした。ただ芝生などは、向うの西洋芝は冬でも緑色をしております。そこに小さな花、これは野生の花なんだそうですがすでに咲いておりました。これは聞きましたら、野生のアネモネなんだそうです。白い花、黄色い花、青い花、可愛らしい、小さな花ですけれど、それが芝生にたくさん咲いていて、これが春の来るのを告げているようでした。

王様への謁見

向うで、儀式はありませんでしたが、いろいろな行事がありました。ひとつは講演であります。それから非公式に王様が謁見をしてくださる。後はいろいろなパーティ、宴会、レセプションといったようなことです。

実は、王様が会ってくださるということで王宮に行くということが、ついた次の日ございました。実は、王様というものに会ったことは、あんまりないのです(笑)。王様に会ったときに、どういう挨拶をしたらよかろうか。前にベルギーのボードワンという王様に会ったことはあるのですが、これは大勢一緒に、レセプションのようなものですから、握手だけすればよかったのです。

今度は、一対一、といってもこちらは家内と二人、それから日本の大使がついていってくれましたので、三対一でしたが、向うは三人前以上の力を持っておられる(笑)。それでお目にかかったときに、なんと挨拶したらよかろうか。おそらく「陛下にお目にかかれてたいへん光栄に存じます」とでも言わなくちゃならない、How do you do じゃいけないいんだろうとも思ったんですけれども、さてどう言ったらよいものか。

幸い、大使が一緒に行ってくださるので、行きがけの車の中で大使によく教わろうと思っておりましたところが、出かける段になりますと、私はノーベル財団からさしまわしの車にのっけられ、大使は、日本大使館の車なんです(笑)。

ですから、にわか勉強する時間もないままに王宮に着いてしまいました。王宮へはいってみますと、式部官が部屋へ案内してくれます。いまさら大使に聞くわけにもいかない。部屋はごく小さな、質素な部屋で、ちょっと古めかしい絵などかざってありましたけれども、そんな豪華な金ピカの部屋ではない。まあふつうの洋間で、その隣の部屋に事務机がありまして、そこに書類が山のように積んである。これは王様がいろいろ書類にサインをなさる机かしら、どうも事務机というものは、王様でも、われわれでも、上にいっぱい書類が積んであるものだと思っておりましたら、それは王様の机じゃなくて、下っ端の事務屋の机でした(笑)。

王様にお目にかかる部屋は、逆の側の隣の部屋で、そこで謁見するわけです。時間がまいりまして、王様がお見えだというわけで、隣の部屋へ行ってお待ちしていましたら、王様が現われました。これは非公式の謁見であるから、服装も普通の背広でよろしいが、ただ、あんまりスポーティーでないのが常識なわけで、私は黒い色の背広を着てまいりました。王様はネズミ色の、たいへんスポーティーな格好で出ていらっしゃいました(笑)。

そして、さーっと手をさし出されましたので、これは困った、はてHow do you doだけじゃおかしいし、How do you do, Mr. Gustav Adolfでもおかしいし、How do you do your Majestyじゃ、またおかしいし、どうしたもんかと思っておりましたら、向うで、先にHow do you do……(笑)、こっちはムニャ、ムニャ、ムニャ……(笑)。

王様のお話

それから、いろいろなお話が出ました。ご承知かと思いますが、王様は考古学にたいへん造詣がある方です。日本の天皇陛下は生物学に興味がある、というより造詣があるといったほうがいいかもしれませんが……。スウェーデンの王様は日本にこられたこともあるのです。ちょうど私たちが中学か高等学校のころプリンス・オブ・ウェルズが日本にこられたのより、ちょっと後です。京都大学には浜田耕作という有名な考古学者がおられたわけで、京都大学においでになったときは、ずいぶん時間をかけて、ごらんになったという話です。正倉院をごらんにいれたところが、たいへん興味を持たれて、予定の時間がきても、なかなかお腰をあげられず、お付の人がハラハラされたそうです。それとは逆にプリンス・オブ・ウェルズは三分間で出てしまった。そのかわり京都の舞子さんの席では、予定よりお腰をすえられて、お付の人が、たいへん困ったそうです(笑)。

王様がおっしゃるには、物理学のことは何もわからないけれども、自分は考古学をやったことがあるので、物理学というのは、たいへんスリルのある学問ではなかろうか。苦労も多いけれど、いろんな発見などした喜びはちょうど自分たちが発掘したときに感じるものと似てるのではなかろうか。発掘をやるときには、ここ掘ったら何か出るだろうと見当をつけて掘るんだけれども、さっぱり何も出ないでがっかりすることが多い。しかし、ときには思いがけないめずらしいものが出てきて、たいへん愉快なことがある。おそらく物理学もおんなじではなかろうか、と、なかなか、うがったことをおっしゃる。

そのとおりでございます(笑)。

それから、日本へ行ったとき富士山を見た話をされ、雨のじゃあじゃあ降る日、多分富士五湖の精進《しょうじ》湖か河口湖かに行かれたんだと思いますが、富士山はいまの季節には、めったに顔を見せないんだというので、雨が降ってしようがないといっていたのに、あくる朝起きて窓をあけたら、非常に空がきれいに晴れて、富士山がくっきりと見えた。しかも富士山をとりまいて、土星の輪のように、雲がかかった。聞くところによると、こういう雲がかかるのは、めずらしいことだ。自分はたいへん運がよかった。というようなお話をされました。

ところが、実は、私も御殿場で一夏、かんづめになって勉強したことがあるんですが、そのときに輪の雲をいっぺん見たことがあります。私も、ひと月富士山のそばにいて、一度だけ、そういうのを見ました、てなことを申しあげました。

それから、大使が横からいろいろと話をしました。

実は、幸いなことに王様は耳がだいぶお遠いものですから、耳の遠い方は、とかく自分一人でしゃべって、相手にしゃべらせないものです(笑)。それが、幸いなことで、ときどき相づちを打つ程度ですんだわけです。

大使は、高橋さんという方ですけれど、外交官のくせに、たいへん失言をいたしました。Your Majesty というべきところを、Your Excellency といっちゃった(笑)。ところが、これも王様がお耳が遠いものですから、ちゃんと Your Majesty と聞えたらしいのです(笑)。まあ無事に謁見をすませたわけです。

質実なスウェーデン人

王宮は、たいへん質素で、ホテルの前が入海《いりうみ》で港になっていて、その向うっかわにあります。実は、日本人が外国へ行くとき、みな写真機をぶらさげているので、それに反感を持ちまして、外国旅行のときは写真機は持っていかない……。まあ国内旅行のときも写真機はぶらさげない方針をとっておりましたが、先月か先々月の「広場」(『科学と技術の広場』)の編集後記に、ぼくが写真機を持たずに外国へ行くということでたいへんほめて書いてありました。それを見たら、逆に写真機を持っていこうという気持がおこりました(笑)。それで、今日は、あとでスライドをごらんにいれます。

王宮は、たいへん質素なのですが、だいたい、このスウェーデンという国は非常に落ちついた国でありますけれど、いろいろ見ますと人々の暮しは相当質素だという感じを受けます。かなり形式ばった宴会等でも、お料理の品数はそんなにたくさん出てきません。とくに感じましたのはスープが出てこないこと、そのかわり魚をたくさん食べます。一番上等な魚は鮭ですが、私たちがときどき食べるようなのと違って、もっと大きいのです。鮭にもいろいろありまして、日本でも一番大きなのは外国へ輸出して、日本人の食うのは、そのつぎぐらいのやつです。向うで食べた鮭はこれぐらい(二十センチぐらいを両手で示す)の大きさの切身で、真赤な色をしています。軽くいぶしてあるのですが、ほとんどナマです。それを一センチぐらいの厚さに切って、甘ずっぱいソースをかけて食べます。ちょうど日本で、刺身に辛子のはいった酢みそをつけますが、ああいった感じです。割合、日本人の口に合います。油っこい、ゴテゴテした料理をスウェーデン人はあまり食わないらしいです。

それから、パンよりもじゃがいもを余計食べるようです。そう思って見ますと、スウェーデン人というのは、みんな体が大きいんですけれども、よくドイツ人あたりには、茅野(健)先生には申しわけないけれども、ビヤ樽みたいな(笑)、男性も女性もいるんですが、スウェーデン人は、みんな背が高いけれどもスラッとしています。そういうわけで、豪華絢爛という感じのものがあんまりなくて、非常にしぶい趣味です。スウェーデンの旗は、水色のところに黄色の十文字がはいっていますが、これも色彩が落ちついています。デンマークとなると、同じ十文字ですが、赤地に白色で、だいぶ上品でなくなり、アイスランドは青地に白と赤、ある程度、国の性格を現わしているような感じがします。

ノーベル賞受賞講演

工科大学の講堂で講演をしました。ここでは、漫談でごまかすわけにはいきませんので、やはり原稿を用意していくわけです。これは、そのうち出版されますから、それをごらん願えればと思います。これは版権がなかなかやかましくて、ノーベル財団が版権を持っていて、日本でそれを出そうと思うと版権をもらわなくてはなりません。そういうわけで「広場の会」で披露しますと雑誌に出て、向うに知れますので、今日は、あまり申し上げないことにします(笑)。

この講演は、たいへんむずかしい注文がつきます。時間は四十五分、もちろん日本語でしゃべるのは困る、しかもあんまり式を書いたり、ゴタゴタした講義みたいなのは困る。通俗講演というほどでなくてもいいのですが、だいたい大学の自然科学系の学生が聞いていて、わかったような気になる程度というわけで、そうとう原稿には苦心をしたわけです。

とくに時間四十五分というのは、日本で原稿をリハーサルしてみますと、四十五分でしゃべり終るのは、相当急いでしゃべらなくては困る。日本語の訳をしゃべってると、一時間ぐらいかかってしまいます。しかし、おかしなことに英語でやると四十五分くらいに収まります。要するに日本語だと途中でいろいろ脱線したりするわけなんですが、英語だと、うっかり脱線するともとの線路にもどらなくなるので(笑)、原稿用紙に書いたとおり、それで、だいたい時間がうまくいくようです。

それで講演をやりましたら、私の英語はあまりうまくないものですから、向うも、時間はあまり心配しなくてもよい。今日は、あんた一人がしゃべるんだから、伸びてもいいし縮んでもいい、と言ってくれました。

聴衆は、だいたい学生のようでした。そんなに大勢ではないし、どうせわかるまいと思って、来なかったんだろうと思います。日本みたいに顔が見たいとかいって、わかりもしないのに来るような不純なやつはいないんです(笑)。

それで講演を始めたんですが、講演をやるのに棒読みというのは、たいへん格好が悪いので、原稿がありましても、原稿ばっかり見てしゃべるのは、たいへんまずい。やはりちょっと聴衆も見なくてはなりません(笑)。しかしそれをあんまりやりますと、こっちは老眼ですから行がわからなくなってしまう(笑)。そのへんにだいぶ技巧がいるんです。幸いに、向うは、原稿がかくれるようにハスかいになった台があります。ちょっと箱みたいになっていて、そこに原稿をたてかけて、下目使っちゃ、向うを見るわけです(笑)。ところが、その台がものすごく高いんです。向うの人の身長に合わせてあるものですから、それで少し面くらったのです。

まあ、なんとなく、どうやら終りました。ただ、習慣上、講演者は、わかってもわからなくても奥さんを同伴してくることになっているんで、これが内助の功の一つらしいのです。それで女房が一番前にすわっているのです。女房の反応をちょっちょっと横目で見るのですが、いかにももう眠くってしようがなくて、眠るまいとする努力のいじらしいこと、涙ぐましいほどでした(笑)。

それから、向うで、外務省のごく若い人、二十五、六歳で、まだはいりたてなんだそうですが、これを一人付人につけてくれまして、万端世話をしてくれました。聞いてみますとスウェーデンの外交官は、一度はだれかノーベル賞受賞者の付人になったことのある人ばかりらしく、後で外務省の上の人に会ったら、自分はだれの付人だったとか、昔を思い出して、いろいろ話をしていました。

その私の付人が、講演を聞いて、あなたの講演はたいへん上手だったとほめるんです。こっちは、すっかりいい気持になっちゃっていたら、その後でいうのには、時計見てたらちょうど四十五分で終ったからだというんです(笑)。

バイキング料理

それから実は講演の前に、日本の大使館の人がひる飯をご馳走してくれるというので、有名なバイキング料理を食べ放題というところへ呼ばれました。午後から講演があるのであまり飲むわけにもいかないので、そっちのほうは控えたのですが、食べるほうも、食欲がないというより食べる気がしないんです。今日は午後講演があるからとか言って、食べるのも飲むのも控えていましたら、向うの大使館の参事官が、朝永先生っていうのは、相当なボスだろうと思っていたらたいへん純情で、午後講演があるっていったら、飯もよう食わなんだ(笑)。ところが、そうじゃないんで、その日少し下痢気味でして、食べてる最中に便所へ行きたくなる。しかし、ご馳走が出てるときに便所へ行くのは、たいへん失礼だと思って、一生懸命我慢してたわけですね。上からはいると下から出そうになるので、それで、まさか便所へ行きたいからとも言えないから、今日は講演があるからって言ってたんです。

バイキング料理というのは、いろんなものがズラッと並んでるのを自分で取ってきて、なん回行ってもよろしいという式なのですが、私はちょっぴり取ってきて、二回で我慢した。ただしそれは便所へ行くのを我慢したためです。これのレコードは五回お代りに行ったというのがあるので、実際全部の種類を試してみようと思うと、五回ぐらい行く必要があります。日本のピンポンの選手が行ったときに、大使館の人が、それをご馳走したら、若い、食欲旺盛なやつらで、ある人は四回、ある人は五回、腹いっぱい食ったそうです。

あのシステムは、必要以上のものを強要される心配がないんで、たいへんよいのですが、そのかわり、金は、五回の人も、四回の人も二回の人も同じだけ払うのですから、ご馳走になるぶんにはかまいませんけれども、いいような悪いようなものです。

（二）オペラ観劇

スウェーデンで、はじめ三日ほどは雨ばかり降って大変寒かったんですけど、最後に天気の日が続きまして、ようやく暖かくなりました。そうすると急に木の枝が青くなって、白樺の芽がいっぱいでて、はじめは全然なかったのが、暖かくなった次の日ぐらいからもう緑色をして、それから町の様子も、急に公園などに人が大勢出るようになります。実は天気がよくって日が照ったといっても、われわれにとってはまだ寒いんですけれども、もうそうなりますと、上衣も脱いで、ワイシャツも脱いで、下の薄いシャツ一枚で日光浴をする。それぐらいまあ、彼らは日光にあこがれている。町を歩いてみて感じるのは、骨の病気が非常に多いらしい。老人など、杖をついて歩いている人が大勢目につきます。

で、あちこち見物に連れてってくれたんですけど、一つ大変ご自慢な名所がありまして、それは、ストックホルムから自動車で約一時間ぐらいかかる所にグロッティングスホルムという所がありまして、ここに今の王室の離宮があります。その離宮の中に、小さな芝居小屋がある。これは、一時は物置か何かに使っていたらしいのですが、物置を整理してみましたら、それは昔の劇場であるということ、しかも、いろんな舞台装置その他が、非常によく保存されていて、ほとんどそのまま使えるような形で残っていたということがわかったのです。それを復元しまして、そして劇場に使っている。むかしの十七世紀頃のヨーロッパの劇場の舞台の仕掛けがそのまま残っているのは、ほかにないんだそうです。それをぜひ見るようにとのことで、それを見ました。

芝居と言ってもオペラなんですけれども、ちょうどウィーンのオペラが来ていまして、そこでモーツアルトのオペラ、これをやって見せるというのです。舞台もあんまり大きくない、小さいので、はいる人の数はだいたい四、五百人という程度です。小さな劇場ですから、オペラと言いましても、いわゆるグランドオペラという、例えばワグナーのオペラとかなんか、あんなものはとてもできない。モーツアルト時代の、あるいはモーツアルトよりはもう少し前頃のオペラにふさわしい劇場で、この時は、なんかコシ・ファン・トウウとかなんかいうのをやって見せるという。あんまり聞いたことのないオペラなんですが、モーツアルト流に非常にきれいにまとまったオペラで、筋はまことにたわいのない、大人のお伽話みたいなもの、これ一種の喜劇なんです。何しろ小屋は十七世紀頃の建物をそのまま復元していて、昔より進歩したといいますか、今の要素を取り入れているのは照明だけで、まさか、今頃ロウソクつけるのもおかしいんで、電灯使っている。フットライトとか、スポットライトとか、そういうものはみんな電気。そこは二十世紀なんですが、後は、幕の上げ下げ、場面の転換等、全部昔のものそのままやっている。それから、室内の装飾ですね、これもその当時のもの、バロックと言うんでしょうね。それからオーケストラの人たちはみんな、かつらをかぶって、昔のロココ時代のもの、それから、プログラムなどをくれたりする案内係、これも昔のその当時の服装をしている。また、いよいよ始まるぞと言って、廊下をうろうろしているお客を中へお入りなさいと言って、チリンチリンとベルを鳴らす係、お客さんに開幕を知らせる係、それが、十二、三の男の子がやるのですが、それがやはりあの時代の服装をしております。それが実にかわいらしい。

　それからもう一つ、二階のロイヤル・ボックスというのがあります。貴族たちがそこから見物した席、そこにはやはりその当時の貴族の服装をした美男、美女が坐っているわけです。これはさくらですね。それでほんとの王様も来たんですが、そのほんとの王様は、もちろんそんな格好していないで、今の服装、タキシードで来ている。そしてロイヤル・ボックスには坐らないで、一番前の所に特別な椅子があって、そこに坐っている。

そんなわけで、すべて十七世紀ごろのままなんですが、さて、われわれお客さんはどうかって言いますと、まさか、お客さんはそういう格好するわけにはいかないんで、せいぜい男はブラック・タイ、タキシード、女は夜会服。でまあ、うちのおかみさんは、日本風に着物を着て、訪問着かなんか着て、帯しめて、見物というわけです。ところが、あの時分の貴族はずいぶん豪奢な生活をしていたと思うんですが、腰かけにいたりましては、これぐらいの幅(十五センチメートルぐらい)のベンチです。そこに多少きれが張ってある。けれど、とにかく、これくらいの幅の所で全身の圧力を受けさせなくてはいけない。しかもその高さが、スウェーデン人の足の長さに合せてこしらえてあるもんだから、僕はまあ辛うじてつま先がついたんだけど、うちの奥さんは足が下につかないんですから、全身の重みを全部尻にかけてしまう(笑)。ですから昔の貴族というのは大変豪華なことをやっていたようですけど、今の、人間工学にもとづいて設計した腰かけにはとても及ばない。

さて、そのときのオペラは、喜劇だと申しましたが、実はその筋がよくわからないんです。もちろんオペラなんていうのは音楽を味わえばいいんだそうですが、やはり全然筋がわからないでは、音楽がいかにその場面をうまく表現しているかなんぞということは全然わからない。特に、喜劇というやつは悲劇よりなお難しいんで、人が笑ってもいっこう笑えないんですね。喜劇を見て笑えないっていうのは、これ大変な悲劇です(笑)。そういうわけで、あんまりよくわからなかったんですけど、ただこの舞台の仕掛けですね。これが昔のままで、見せ物があるんです。はじめ何だかよくわからなかったんですが、何か、御殿みたいな宮殿の向うが海になっている。クライマックスに近づくと海が波打ってるんです。日本の歌舞伎もそうですけど、波幕というのがあって、それが上ったり下ったりするんですね。その幕の中にらせん状の車があって、これをこうグルグルまわすんだそうです。それが波になる。ところがその芝居の筋は何にも海とは関係ないんです。海なんかあってもなくてもかまわないんですが、その仕掛けを見せるために、どういう芝居でも、その海がでてくるらしい(笑)。

ところで、その、四百人くらいはいる小屋には窓が一つもないわけです。どういうわけか換気装置が一つもない。大変に暑くなりまして、汗がたらたら出て、このとき、始めて、西洋の婦人が、半分裸みたいな、夜会服というやつ、海水着にスカートはいたような、ああいうものを着る理由がわかったような気がしました(笑)、なるほど、あれでなきゃとてももたない。男の方もそりゃ暑いんですけどね、女の方が弱いですから、うちの奥様も丸帯なぞしめていたもんだから、もう汗たらたらたれている。おまけに筋がわからないもんだから、途中で溜息つきだして(笑)、僕は、しようがないから、プログラムであおいでやった(笑)。そこでスウェーデンの人も日本の男性というのは、いかに女性を大事にするかということがわかったわけです(笑)。

それで幕あいに、ちょっと外に出ましたら、その寒い寒いといった空気が非常に気持よくて、ちょうど、あつい外からエアコンディションの部屋にはいったような、それは逆なんです。中からエアコンつきの外へ出て、非常にリクリエーションになった。そしておまけに月が出ておりまして、それに前は宮殿の庭ですから、大理石の女神の像がある。どっちが芝居の舞台かわからない(笑)。始まったのが九時頃からで、済んだのが十一時半頃、帰ったらもう一時すぎ、それから夕飯くったわけで、あっさりした物くれっていったら、これがあっさりしたものですといって出てきたのが、こんな大きな鮭でした。

国民の生活状況

スウェーデンは、非常に社会福祉の進んでいる国で、ご自慢なんです。ここに資料としてもらってきましたが、いったい何時間働けば、どれくらいのものが買えるかという統計があるんです。バターの一キログラムは一時間の労働賃金に相当する。パンの一キログラムは二十分、卵の一キログラムは四十分ぐらいです。背広一着が四十一時間、映画の切符一枚が三十分、こういうのをくれました。それは、スウェーデンでくれたんだけど、日本語で書いてある。見ましたらスウェーデン大使館へ行けばくれるんだそうです。

それで、日本はどうであろうかという計算を一つしてみました。こういう統計はあるんですけど、こういうふうに統計をとると、たいへんわかりいいですねえ。ただここでよくわからないのは、労働時間です。一日八時間という勘定を多分しているだろうと思うんですけど、労働時間が八時間労働なのか、どうか、その辺が書いてない。それでちょっと比較がむつかしいんですが、だいたい八時間労働として、皆さん方が、バター一キログラム買うのには、いったい何時間働けばよろしいかっていうのを帰ってから計算してごらんになるとよい。わたくしも計算してみたんですが、うちはこれぐらいだと言うと、うちの月給いくらってことがわかっちまう(笑)。だからそれはやめることにしまして、日本でバター一キログラム一時間というのだとしたら、月給はいくらであるかということを逆に調べてみた。ただこれ八時間労働として。そうしましたらですね、一時間働いてバター一キログラム買えるというのは、月給十七万円、そういう勘定になります。ただしバターの値段は一キログラム七百円としてです。これは、女房に今朝聞いてきたんです。それから背広一着は二万円と仮定しますと、高いですか廉《やす》いですか？　廉いですか。まあ、ぶら下っているのはそんなもんです。それだと、それ四十一時間としますと十二万円の月給になります。ですから、二万円より高いとさっきの十七万円ぐらいになる。ただ日本はパンが安いんですね。向うでは、パン一キロ、二十分というんですが、日本でパン一キロはだいたい百円ぐらいですか。これ安いですか、うちでは安いパンくわしているのかな(笑)。

(聴衆の声——御飯にすればもっと安いですよ。)

残念ながら御飯というのはないんだ。それから卵はね、四十分か三十分。これ二十万。ですから、向うの水準で八時間労働と仮定して、日本の物価を入れますとですね、だいたい十五万から二十万程度の月給。まだいろいろあります。映画の切符一枚が三十分、テレビ一台が一二五時間、これは茅野さん興味もたれるでしょう。それから、フォルクスワーゲン一台が一二二五時間と書いてあります。

(聴衆の声――税金はどうですか。問題は税金ですよ。)

なるほどずるいな、このパンフレットは(笑)。これは、税金というのは書いてない。ところがこの間、別の本で見たんですけれど、ヨーロッパの国々の科学技術のための研究投資ですね、これが一番低いのがスウェーデン……。

(聴衆の声――グロス〔総計〕ですね。)

これはまあ、だいたい向うはグロスで、イタリーが一番多い、科学技術に対する研究投資、イタリーが多いという数字、統計っていうのはどれだけ信用していいか、今のグロスであるかどうかっていうんで、相当変ってくると思う。おそらくパーセントではないでしょう。しかしまあパーセントが少ないからといって実際が少ないというんではないんで、おそらく社会福祉に非常な金を使っているんだと思うんです。こういうこと専門の方にはあほらしいんだと思うんだけれども、このパンフレットはなかなかうまくできている。素人にわかるように。

(聴衆の声――そういえばスウェーデン大使館は感心ですね、いろんなパンフレット送ってきますね。)

ウプサラ大学

スウェーデンではストックホルムのほかにウプサラに行きました。ウプサラというところは、ひじょうに古い町で大学があります。スウェーデンで一番古い大学だそうです。ここへ行くってのもスケジュールの一つになっている。そこへ参りました。このウプサラの大学は、非常に古いんですが、ここのライブラリーはアジアに関するいろんな文献が揃っている、これが非常にご自慢です。ご承知かと思いますが、リンネの弟子のツンベリっていうのが徳川時代に日本に来ていた。そして日本のいろんな植物をしらべました。ツンベリって名前のついた学名のものがたくさんあります。そのツンベリが日本のことをいろいろ書いたものがある。案内してくれた人がツンベリの名前を忘れておりましてね、リンネの弟子で何とかいうのが日本に行ったという、ツンベリだろうといったら、あんた物知りだとたいへん賞められた(笑)。

そこに、むかしの解剖学の教室がそのまま残っています。解剖学の教室っていうのは今のまあ階段教室ですねえ。ただ階段教室は前だけですが、グルッとこう解剖台を囲んでいる。それが非常な急斜面ですが、段々になっている。これはイタリーのどこかが一番古いんで、そのつぎにできたのがそのまま残っている。それがたいへんご自慢です。

まあ、このへんで、多少物理の話もしなくちゃいけないんで、シーグバーンというX線の、ノーベル賞をとった人がいる。今、それの息子が中心人物になっている。そのシーグバーンの親父さんの方も健在です。今いくつですか、だいたい、あそこの国の人は長生きしますから。そのシーグバーンの息子の方は、核物理をやっていたんですが、今またX線にもどっています。核物理の技術を使って、X線をもう一度やりなおしている。どういうことをやっているって話を聞いたんですけど、ここでいろいろ詳しく申し上げるのもどうかと思いますが、たいへん面白いことをやっております。だいたいスウェーデンという国は、ヨーロッパで一番研究施設の少ない国だというせいかも知れませんが、あんまり大げさな、大仕掛けな研究はどうもやっていないようです。原子力の研究などやっておりますけど、やっぱりヨーロッパで非常に早く原子力の研究を始めた国ですけれども、規模からいうと、日本なんかよりもっと小さいんではなかろうかと思う。それで、それを聞きますと、やはりスウェーデンでは、研究、特に基礎科学の研究は大学でやれる程度のことしかやっていないという話。ただ、原子力とそれから原子核物理、これは、大学と別個の組織でやっている、そんなこと言っておりました。見たところ学者の気風もですね、何でもかんでもでかいことやろうというよりも、むしろ、シーグバーンがX線にもどったということでもおわかりのように、小さいことでもやれることをやろうという考え方をしているようです。それで、不十分な分は、ノルジタという組織がありまして、これはスウェーデンとノールウェーとデンマークと、北欧三国ですね、これが共同してやる組織で、それもあんまり大きなことはやっていないようです。後でお話をちょっと申し上げますが、CERN《セルン》という、あのヨーロッパの共同の研究所がジュネーブにありますので、大きいことはそこでやるという、そういう方針のようです。

(聴衆の声——マイトナーはどこですか。)

マイトナーは、引退したんですかな、あすこにいたんですが。ですからまあ、非常に小ぢんまりとした感じの研究のやり方。

スウェーデンは日本人の留学生が案外大勢いるんです。これ大部分生物医学関係です。カロリンスカという有名な医学の研究所があって、そこに相当いるんです。さて、スウェーデンはこれくらいにしまして、次はデンマーク。

(三)　ニールス・ボーア研究所

スウェーデンの次は、デンマークへ行ったんです。デンマークといってもコペンハーゲンとその近郊だけですけれども。ご承知のようにデンマークはニールス・ボーアがいた所で、一時は世界の物理学の中心になった、メッカといった所です。現在はちょっと昔ほどではないですけれど。われわれの先輩あたりの年代の人は、みなそこで勉強した。日本でも仁科先生、僕の先生ですけれど、そこに六年おられて、そこで新しい量子物理学というのを日本へもってこられた。そのニールス・ボーアのいた研究所は、むかしは理論物理学研究所って言ったんですが、今はニールス・ボーア研究所というように変っております。ここへ行きました。

この研究所は、さっき申し上げましたノルジタの中心になっている。北欧のみならずいろんな国の人が大勢来ているのですが、それはまあ理論物理の一つの中心で、実験物理もやっておりますが、これはまあごく小ぢんまりとした設備しかできていない。この研究所に今、日本人が一人おります。それは木庭〔二郎〕君、大勢いた時には四、五名いたこともあるが、今は一人しかいない。

この研究所は建物が非常にややっこしいので、Aという部屋からBという部屋へ行くのに、迷路のようにあちこち回ってCを通りC′を通って、Dを通りというわけで、しかもそれがです、上ったと思ったら下って、屋根裏みたいな所を通って細い廊下通って、一ぺん外へ出てまた中へはいってといったぐあい。その理由は、この研究所が、自然発生的にだんだんだんだんつぎ足していったからなのです。はじめは小さい建物で小ぢんまりやっていた。だんだんそこへ来る人がふえてきて、建てましをし、建てましをして、そういうわけで、そこの人に言わすと、この研究所は、生物のように増殖してきたという。その点では、東京の町なんか、そういえば生物のように増殖してきたという、大へん体裁のいい言い方がなるほどできるんだと思うんです(笑)。

けれどこれは、ある意味からいうと、物理学者というものがいかに計画ということが下手であるかということかも知れませんが、逆に言いますと、物理学の進歩っていうのがいかに予想はずれに行なわれてきているかという、そういう解釈もできるんです。まあ、われわれとしては後の解釈をとりたいと、そういうように思っております(笑)。うちの大学の亀淵〔迪〕君というのがそこに、二、三年いたんですけど、二、三年いてもですね、Aという部屋からBという部屋へ行こうと思うときに、どこを通ればいいということがのみこめない。鍵を持っていればいくらでも行けるんだそうです。けれど、鍵なしに行く通りってのがたった一つくらいしかなくて、それを知っている人は、その研究所でも、ごく少数の人で、それで、現在、もっとすっきりした所へ引っこして、すっきりした建物をたてるという計画もあるんだそうですが。

やはり、どこの国も、研究所の移転というのはなかなかむずかしいところがある。そこにあの、ニールス・ボーアの記念室ってのがありまして、そこにまあ彼の書いた手紙、彼のところに来た手紙、それから、いろいろ外国へ行ったときの写真とか、いろいろ陳列してあります。日本へ来たときの鎌倉の大仏様の下でとった写真、まだ頭の毛のふさふさしていた仁科先生だとか、大へん珍しい写真があります。永田〔恒夫〕君なんか、その時分はもっとふさふさしていた(笑)。そこで大へん珍しいのは、顕微鏡のプレパラートがありまして、それを顕微鏡で見る。こりゃ何だって言いましたら、スウェーデンがナチに占領されたときに、ボーアが、結局、イギリスへ逃れた。その打ち合せです。その打ち合わせに、手紙をイギリスとやりとりしていた。大っぴらな手紙では危いんで、それをひじょうに小さくマイクロフィルムにしまして、しかもそのフィルムはなんか鍵、錠前ですね、鍵のどこかに穴をあけてそこへ埋めこんで送ってきた。それをじっさいほじくり出して顕微鏡で見るんです。

それからボーアっていう人は大へん、おもちゃを作ることが好きなんですねえ。この点玉木〔英彦〕先生に似ているんだと思うんだけども、今日は来ていないんで残念だけれども(笑)。それが、人をくったおもちゃなんです。あの例の、原子核反応の球をころがす、あれ知ってるでしょ。あれが一つの例なんですが、もう一ついい加減なやつはね、観測をすると状態が変るというのを示すおもちゃ、それはこんな箱のまん中にしきりがあってね、そのしきりの両がわにサイコロが一個ずつはいってるんです。こうやって、こっちのサイコロ見ると六が出る。ガチャッとやってこっちのサイコロ見て一が出る。そしてこうもどすとこっちは六でなくなっている。そりゃそのはずで、引き出しにちょっとひっかかるから、ガチャッとなって、こりゃ別に、波動性じゃないんで、ゆれるから変っちゃうんで。しかしまあ、一つのたとえ話としてはなかなか面白い。それからもう一つ時計の中で光を出すと、そのエネルギー分だけ、時計の重さが変って $\Delta T\Delta E \approx h$ が成立つかどうかで、アインシュタインとボーアが論争したことがあるんですね。時計をバネでぶらさげている絵があったでしょ。あのおもちゃがあるんですよ。しかし、それでほんとに光を出すとバネがどうということではないらしいんだけど、ガモフがボーアの誕生日に贈り物をしたというおもちゃで、時計の中に豆電球が入っていてパチッとそれが点《つ》く、そんなものを見せてくれました。幸いにして、あまり物理のdiscussionやらずに、そういう物の見物だけですんで、ただ、ストックホルムで話したことと同じことでいいから話してくれ。そしたら、後で、ボーアが——ボーアの息子がいるんですが——ダンコフの論文に誤りがあったいきさつをはじめて知ったが、どういうわけでそんなに長い間誰もそれに気がつかなかったのだろうかなどと言ってました。

スウェーデンとデンマークの国境

さて、スウェーデンとデンマークって国は昔はしょっちゅう戦争してたんですね。ウプサラ大学がスウェーデンで一番古いって言いましたけれど、もう一つ、次に古いルンドの大学、これができたときは実はスウェーデン領じゃなくてデンマーク領だった。ルンド大学が今スウェーデンで二番目に古い大学って言いましたが、これを建てたのはスウェーデンではなくてデンマークです。昔は国境はスカンジナビア半島のまったただ中あたり、今のスウェーデンとノールウェーの国境か、あれよりもっと南の方まであれがのびていたらしい。ところが、だんだん、スウェーデンの方がじりじり押してきまして、結局デンマークは、ジュットランド半島に近い島まで撤退したわけです。

それで、今、デンマーク人はスウェーデンに対して恨みを持っているかどうかっていうことなんですが、ま、持っている人もあるかも知れないんですけれども、もう、今では昔ばなしになっているようですねえ。とにかく二百年か、百何十年かスウェーデンとは戦争してないんで、大体戦争しないで百年もたつとですねえ、すべてのいきさつは、昔はこうであったというようになるんじゃなかろうかと思います。

デンマークで、コペンハーゲンのある島をズーッと一廻りしてみたんですけども、海岸から向うが見えるんです、スウェーデンが。その真ん中に島がありましてですね。その時は運転手がいろいろ説明してくれたんですけども、あの島は昔はデンマーク領だったところが、千八百何年か、スウェーデンがあれを奪っちゃったと言うんですけど、別にそれを恨みに思っているようでもないんですな。おそらく、甲府の人たちが、織田信長を今さら恨んでいない程度ではなかろうか。

それからスウェーデンの人たち、例の外務省の若い人が言うんですが、国境というものは交通の非常にしにくい所にするのが自然だ。今は海が国境になっているが、あの海は非常に交通が便利な所で、大西洋からバルチック海へはいるその通り路になっている。しかもあの海はほとんど波は立たないし、航海は非常にやりいい所であったから交通の要所になった。ああいう所を国境にするのは合理的でないんだ。それより昔の、デンマークがこっちの、スカンジナビア半島の中ほどの山の所に国境を持った、あの国境の方が合理的なんだと。そんなら、さっきのルンドという町もデンマークへ返すかって言ったら、ま、今はそんなこととする必要はないんだ(笑)。

ただあすこの海を持たないということがなぜそんなに大事《おおごと》だったかと言うと、あそこを船が通るとき、通行税とったんですね。ですから、デンマークが国境をスカンジナビア半島の中に置いてですね、あの海がスカンジナビアの中の海だと言っていて、金がはいったわけです。道路公団や観光会社みたいに。もっとも自分は何にも作らないんで金だけとるというんだから、道路公団よりもう少し悪いかも知れん。しかし、あれには似ていますよ。自分が作らないで金とるっていうのは、あの浅間の鬼押し出し(笑)、あれ、はいると金とる。実にけしからんと思う。それから、これは多少作ったんですがね、景色のいい所に観光道路ができるでしょ。その道路は作ったが、景色はてまえが作ったわけではないのに金をとりやがる(笑)。あれは似ていますよ。

そういうわけで、この、デンマークとスウェーデンの間は、今はまあ笑い話になっていると思うんです。実際、デンマークのスウェーデンに一番近い所に、むかしハムレットがいたと称するお城があるんですけれど、そこでは大砲がスウェーデンの方を狙っているんです。それから、あのスウェーデンの兵隊が攻めてきたというんで、後ろを攻めて、この跳ね橋を落したとかね、いろいろやるんですけどね。これはまあ案内の女の人が昔語りとしてやってくれるんです。ちょうど会津へ行くと白虎隊の話をするバスガールが、もういっぺん徳川にもどそうという気はないでしょ(笑)。まあ、そういうこったろうと思うんです。

社会福祉国デンマーク

デンマークもスウェーデンと同じに、社会福祉が非常に行き届いている国なんで、わたしたちを乗っけてった運転手が、昔ばなしをするついでに、いろんな自分の国の、今の宣伝をやろうという気があるらしくて、労働者の住んでいる場所とかへ連れていってくれた。労働者にもいろいろあるんですが、大工さんとか左官屋さんとか、そういう連中ですね。そういう連中が自分の組合で、大工は家を建てると、壁は左官屋さんが塗るというぐあいに、お互いに労力を供出しあって、ですから非常に金はかからずに、大工さんと左官屋さん、ペンキ屋さんと煉瓦屋、屋根ふき屋とかいろいろありますね、そういう連中が協力して自分たちの家を建てる。ここは工場労働者の住宅だと、これができるのは、どういうふうにしてできるとか、大変まあ参考になって、日本でも、そうやりたいと思うような所へ連れてってくれた。それから、もちろん、ここは大学の先生の家だなんていうような所へは連れてってくれないけれど、それはもうわかっている(笑)。それから、養老院ですね。ここは養老院だとか、ここは老人ホームだとかはスウェーデンでも一通りは見せられたんですけども、コペンハーゲンでも、老人のアパート、ここは男は六十五歳になればはいる資格がある。女は六十歳、僕なんかもうじきなんだ(笑)。そしてこれは、そこへ住んでいて、働かなくってもいい、働いてもいいんだそうです。日本では生活補助をもらっている人が、働いて収入があるとその分さっぴかれちゃうんでしょ。デンマークはそうじゃないんだそうです。しかし、ただ犬と猫は飼っちゃいかんという制限はあるらしい。で、そこへ行ってみますとね、やはり、お婆さんが一生懸命洗濯なんかしていますよ。お爺さんはあんまり見なかったけど、多分お爺さんは山へ柴苅りに(笑)。この老人のアパートの近くに幼稚園があるんです。それは特別の例かと思ったら、大体、老人アパートの近くには、あるいは中庭のような所には幼稚園または保育所を作ることになっているんだそうです。それはですね、老人が退屈しましょ。そして犬や猫は飼えないっていうときに、子供の遊んでいるのを見て、ボーッとしているというしかけ(笑)。やっぱり、こう、淋しいんですね、老人が。日本だって孫だの何だのってウジャウジャいてうるさいこともあるんだけど、やはり老人だけですとさみしい。それをまぎらわすことができる。これはいい考えだと思う。ですから、僕の家もすじ向いに託児所がある。そのうち、あすこへ行ってこうボーッとしていようと思ってます(笑)。それから、運転手がねえ、日本の桜の花が植えてある所を見せてやろうって、それがちょうど満開でアパートの中庭に一面に植えてある。頼みもしないのにいろんな所を見せてもらった。これが大体デンマーク。

ＣＥＲＮ

それからあとスイスへ行きました。ジュネーブですが、もう大分時間たったからこの辺でやめましょうか。ジュネーブへ行った理由は、あすこにＣＥＲＮといって、ヨーロッパのいろんな国が、共同で金を出して作った大変大きな原子核物理の研究所があるんです。それを見ようっていうわけです。ご承知のように、今、原子核物理の研究というのは非常に大きな施設と金がいるんです。それで、アメリカとソ連には非常に大きな研究所があるんだが、ヨーロッパの国々はですねえ、アメリカとソ連に対抗してやろうとすると一国では大変困難なのです。そこでヨーロッパの国々が金を出し合って、ジュネーブにヨーロッパの原子核物理学の研究センターっていうのを作ったわけです。これはその当時、アメリカやソ連にあるものよりももっと大きいのを作ったわけです。この研究所が非常にいろんないい仕事をしているので、そこを見に行った。

私は実はこの研究所を作る時の写真を見たことがある。実に広々とした所だという、そういう印象を持っている。今度行って見ましたらですねえ、その印象がもう俄然《がぜん》裏切られまして、実に狭いいって感じ。その研究所は大体一キロ一キロぐらいの面積に作られている。それを作ったときには、これだけあればいいと思っていたんですが、今では非常に狭くなっている。東京の町のように、あちこち建物でぎっしりしている。これが先ほど言ったように、物理学者の計画性の貧困ということかも知れないんですけど、逆に物理学者が勤勉で、その計画を上まわって物理学が進歩したということもあるかも知れない。しかし、それもあるかも知れないんですけれど、だいたい、広ければ広いほどいいってことぐらいは、物理学者だってわかっているわけですねえ。ところがやっぱり政治家が予算を値切るんです。そんなに広い土地は必要あるまいって、どこの大蔵省でも言う。そのときがんばると駄目になるから、狭すぎると思いながらも、まあこれくらいでやりましょうと言う。それが、今では——できたのは、十年ぐらい前になりますか——今では現に、それでは狭いということになった。

この研究所はスイスのジュネーブの郊外にあるんで、スイス領にあるんですけど、これどうしても広げなくちゃいけない。ところがそれ広げるのにですねえ、スイス領内で広げるとどうも格好がつかないらしいんです。これは、スイスの国内事情もありましょうけれども、研究施設をどっちへのばしたらいいかということは、やっぱり機械の構造上、ある程度決まっちゃうわけです。そこで、フランス政府を口説きまして、フランスが土地を提供しようということで、話し合いがついている。今、広げつつある。ですから研究所の真ん中が国境になっている。ところが、スイス領からフランス領に広げると、格好がこう非常に細長くなる。ですから面積はいいですが格好が悪いですね。その結果、機械の設計が大変むつかしいことになった。幅が十分にあれば、真っすぐにつければいいものを、こういうふうに曲げなくてはいけない。そうすると立体交叉が必要になる。ですからビームといって、素人の方はおわかりにならんかも知れないけども、非常に高速度で走る粒子の通り路をですね、東京の高速道路みたいに、うねうねうねうねとこう立体的に作ることになる。ですから面積があればもっと安くできるんですけど、面積がないために立体交叉の費用が相当かかる。いろんなこと言ってましたが、作るときに予算節約した代りに後から後から拡張工事やっているわけです。そして拡張するときにもやはり、こんなに金食うんじゃ認めないって言われるもんですから、じゃ、しようがないからこれこれだけで我慢しましょうってやると、必ず後で我慢したより余計の金がかかる。どの辺まで譲歩したらいいか。全然譲歩しないと計画が駄目になる。譲歩しすぎると後でものすごい金がかかる。どの辺がいいかというんで大変苦労するんだということを言っておりました。これはまあ日本でも実際そういう状況があるんで、そういうことまで物理学者が考えなくちゃいけないっていうのは、実にいやな世の中になったものです。

このＣＥＲＮでやっている研究をいろいろ見せてくれたんですけど、私が一番関係あるのは、ちょっと専門になって恐縮なんですけど、ミュー・メソンの magnetic momentを測ることです。例のQED、量子電気力学っていうのは大変うまく当りまして、電子の磁気能率については、量子電気力学――くりこみ理論――で勘定した値と実験値が小数以下ものすごくよく合うんです。ところがそれと同じことがミュー・メソンにもなりたつであろうか。理論から言えばミュー・メソンというのは電子とほとんど同じ性質を持っているんで、その通りなりたつはずだと言うんですけど、それが実際そうなっているかどうか見ようというわけ。そういう実験やってるわけです。この実験は、まだ結果はもちろん出ていないんですけど、これが一番僕の仕事と関係が深い。その説明聞いたんですけど、その人が言うのに、こういう実験をやろうという時には、この実験は大変大事な実験であって、しかもこういうふうにすればできるんだということを大変に雄弁にしゃべる必要がある(笑)。それから、結果が出た時には、こういう結果が出ましたということを、また四方八方に雄弁に説明する必要がある。しかしその途中の段階では、あんまり雄弁にしゃべらん方が利口である。そういうこと言ってあんまりしゃべらなかった(笑)。ただ、その時にねえ、もし、くりこみ理論に合わない結果が出たらあんたどうするって聞くからね、僕は知らんけどもあんたその時はストックホルムにかけつけなさい、そう言ったんです(笑)。まあ、そういう話をして、後でなぜ彼がそういうこと言ったかと思って、日本に帰って聞いたら、あの実験は精度が不十分で、高い金使って機械を作ったけれども、どうもあれではどっちとも結論は出るかどうかという。なるほど今はあんまり雄弁にしゃべらん方がいいという意味がわかった(笑)。

それもですねえ、もっと精度を上げる設計を初めっからすればいいんですけど、やはりぎりぎりに値切られるんですね。そういうわけで、あんまりぎりぎりのところまで締めると、結局アブハチ取らず、安物買いの銭失いってことになる恐れがあるんじゃなかろうかと、そういう気がします。日本で、今、素粒子研究所を作るって動きがあるんですけど、これ、なかなかお上《かみ》で認めてくれないんですが、たとえ認めるにしても、大変値切ったような形で認められたんではまずいんじゃないかと思うんです。認めるんなら男らしくですねえ、認めないんなら認めないって、日本じゃそんなことやれないんだとはっきり言って下さればいいんで、どうも生殺しではねえ……。

とにかく、CERNの印象は大体そんなこと。CERNの人たちは、日本の、その計画ってのに大変興味持ってましてねえ、できることなら応援してやると言ってました。それから、お世辞かも知れないんだけど、日本はそれだけのpotentialityは十分あると思うと、工業からいっても物理学者の層からいっても、そういうこと言ってました。しかしこれはまあ外交辞令かも知れない。ただ、作るときには、まず第一に土地を十分取っておけと。建物はだんだん初めの予想より大きくなるということのほかに、自分たちが予想しなかったのは、パーキングの場所がこんなにいるとは思わなかったという、これは半分冗談だと思うんですがね。どこに自動車をパークするってことが、ここの重大問題の一つだと言ってました。

グスタフ・アドルフの銅像

そんなことで、後は見物ですが、レマン湖をぐるりと一まわりしました。僕は、認識不足だと思ったのですが、ジュネーブからちょっと三十分ぐらいドライブすると、もうフランス領へはいっちゃうんですからねえ。こりゃ当然地図を見れば、その通りなんですけれど、いかに地図を見て勉強する地理と、現場へ行ってわかる地理と違うかってんで、僕は地理っていうのは、小学校でも中学校でも一番嫌いな学課の一つだったんですけど、なぜかって言うと、何々県の産物は何である(笑)、どこの人口は何であるとか、そんなこと暗記させるんですね。そんなこと暗記したってしようがないんで、そこへ連れてけば名物が何だってことぐらい憶えちゃうですよね(笑)。ああいう教育のやり方っていうのは大変間違っていると思う。

それから歴史でもね、こりゃこの前ソ連の話のときにしたかも知れないが、銅像なんか見ているとね、いかにその昔、ヨーロッパの国々が戦争しあったかということ、それから新教と旧教の争いってのがどういうものであったかということは、向うへ行ってみるとわかるんですよ。実は、またストックホルムにもどるんですけれども、今の王様はグスタフ・アドルフ六世という人ですけど、昔、スウェーデンで三十年戦争で勇名を馳せたグスタフ・アドルフ〔二世〕ってのがいるんですね。これがあの、ワレンシュタインっていうのと戦争して勝ったり負けたり、勝ったり負けたりして、あれは千六百何年かな、中央公論の『世界の歴史』というので勉強したんですけどね、ライプツィッヒの近くのリュッツェンという所で戦争して、両方ともくたくたになって、結局あのワレンシュタインが負けたということになっているんですけれども、グスタフ・アドルフはそこで戦死をしましてですね。これがまあ講釈師にやらせたら、グスタフ・アドルフが馬に乗って、ええーとやっているうちにね、鉄砲の弾に当って怪我したってんで、それでもなおあんまり敵に近づきすぎて、なんか背中を鉄砲で撃たれて、ドウとばかり馬から落ちた。そこへワレンシュタインの軍勢が、さあ王様、敵の王様打ち取ったりというわけで、サッとばかりにおしよせれば、そこでアドルフ・スウェーデン勢も、王様をはずかしめてはならんというわけで集って、そこでもうおり重なって斬り合いですね、それでワレンシュタインの軍勢とうとう敗走したんです。そこでスウェーデンの兵隊たちが、王様の遺体を国へもって帰ろうとしたんです。ところがその上に死骸が山のようにある。それをこうほじって分けて、そのいっとう底に王様の死骸が見るも無惨な形であったのを、見つけてもって帰ったという、講釈師にあれやらせたら面白そうなとこなんですが、その銅像がストックホルムのオペラハウスと外務省の前にたっているんですよ。僕んとこについてきたあの若いのにこれ誰だっていったらね、これグスタフ・アドルフの銅像だっていうから、グスタフ・アドルフといったらあのリュッツェンで戦死したあれかと言ったら、そうだって言うんだ。あんたよく知ってるなって言うんだ(笑)。だからこれ中央公論のおかげだね、ただ僕は実は中学校でリュッツェンの戦争は習ってそれを覚えていたんですがね。そこへ行ってみると、中学校で習ったことをもう一ぺん思い出すんですね、銅像なんかあると。その時にその外務省のが言った言葉がね、どうも、町にある銅像ってのは、戦争にいったやつばかりだっていうわけなんです。平和のために努力した銅像は一つもないって、スウェーデン人でさえそう言うんだから(笑)。しかしそんなこと言っても外務省鹹にならないんだから(笑)。さっきの国境の話、もっとこっち側の方がいいなって外務省のやつが言うんですから、こういう点は大変楽しいことです。

ええと、それから西ドイツか。

フランクフルトで

フランクフルトにちょっと寄ったんですが、これはまあお添え物で、僕は今から十何年か前に、ヨーロッパへ行って、ゲッチンゲンにハイゼンベルクを訪ねていったときに病気になっちゃいましてね。そのときフランクフルトでしようがない、病院へはいったんです。そのとき大変世話になった人がいるので――向うのケミストリーの教授、この人に会いたい、そういう個人的な理由でフランクフルトに行ったんです。大変歓待してくれて、その時にこんなちっちゃな子供が今は大学生、それが家の末っ子とちょうど同じ年、行ってみたら家の末っ子と同じようなことをするんでねえ、末っ子ちゅうのはどこでも似ているなと思った(笑)。そこで、半日楽しく過して、後、この前行ったことがあるから、得意になって女房に俺が案内してやるって、町をブラブラ。ところがフランクフルトの町ってのは、この前行った時は十何年前になるわけだけど空襲の跡がそのまま残っていて、ところどころ瓦礫の山、それが今はすっかり瓦礫が整理されてあとにビルが建ってるんです。ところがそのビルは、大変モダンですねえ。東京なんかで見るビルと同じです。ま、四角でガラスの窓のやつ。それが空襲でやられた、焼夷弾じゃなくて爆弾ですから、ボツッ、ボツッとやられたんですね。そこだけがモダンで、残った所は昔風なんで、ですから何だか、こう大変チグハグな感じです。特にあの city hall、まあ、Rathaus っての、ドイツの町は、教会と Rathaus と広場、マーケット、そして教会は感心に残ってるんです。天井抜けてたようなのがあるんですが、瓦礫になったってのはないですね。それから Rathaus の一部も残ってるんです。その間に大変モダンなガラス張りのビルがはさまっているってのは、どうもあんまりみっともよくないもんでね、どっちかに統一する、ま、そういう感じ持ちました。

それからゲーテの住んでいた家があるんですが、これもねえ、ゲーテハウスっていうか、文学館というか、どうも町の様子がすっかり変っちゃってなかなか見つからない。前は小さい細い道のとこにあったと思ったのが、そのすぐ手前まで大変広い道になっちゃって。それからゲーテハウスで大変面白いと思ったのは、ゲーテの書斎ってのが、それが三階にあるんですが、あの時分の家は、一階より二階がちょっと前に出るんですね。

三階がまた前に出る。上ほど前に出る。一階は町なみにそっている。三階になりますと、隣のうちより前に出ている。その出ているとこに小さい窓がある。そこから見ると、通りがこうあって、通りに直角に窓があいている、通りがよく見える。それでゲーテのおやじさんがいろいろ本を読んで疲れた時に、その窓のところに小さな机が置いてあるんですが、そこへ行って窓から下の道行く人を眺めている。こりゃあねえ大変いい考えで、ま、僕なんかのうちは、そんな凝ったことなんかしないでも、垣根から道行く人が見える(笑)。

ところが今はですねえ、なるほど下に町はあるんですが、それが幅が広がっちゃって、昔はそのガッセっていった細い道が広くなっちゃって、その窓から向うには古めかしいうちがあって、その前が瓦礫の山だったんですが、ところがそこは真っ白なビルがたって、下を見ますとね、道行く人ではなくて自動車がパークしている。これじゃ、いくらゲーテのおやじさんでもねえ、本を読んで疲れたからって、下を見ると自動車が並んでるんじゃ面白くないだろうと、そういう変化がある。

しかし僕が世話になった先生は、昔いた家から引っ越していました。どうして前のとこ引っ越したんだといったら、どうも交通が、自動車がふえて音がうるさくなったから郊外へ引っ越したんだ。ちょうど僕が荻窪のうちから武蔵境へ引っ越したように。で、その新しい家へつれてった。行きましたら宅地造成団地ですね、丘陵のとこをこう削ってましてね、段々にして、そしてまあ、こっちから行くと赤土の出たほこりっぽいとこなんですよ。どうもやっぱり日本と同じだなと思った。まあ、もっとゆるい傾斜です。それから丘陵っていってもゆるいです。ただそれを段々にして、ほこりっぽいことは事実。それから、家の中へはいるとですね、はいったとこが二階で、ま、傾斜の程度はそれでおわかりと思うけど、玄関へはいるとそれが二階なんです。で、下がもう一つある。それから庭はズーッと、これはまあ一番いい場所を選んだんだと、一番下でね、それから下は自然保護地区で、もう家はたたんという。

そこでいろんな話をして、かえり路で、この前病気してはいった病院をちょっと見たいなと言ったら、じゃ見せてやるって連れてってくれた。病院の中がですね、この前はもっとあいていたのが、やっぱり増築増築でね、いっぱいになってるんです。僕の入った所、うちのなかへは入らなかったですが、その建物残ってました。その時ねえ、看護婦さんがまるで天女みたいに親切にしてくれたって話をしたら、女房がね、ぜひ看護婦さんに会いなさいって。あれ、やきもちの一つの表現ですな(笑)。だけどね、おそらくあの時の妙齢の看護婦は今は相当なおばちゃん、だから思い出の中にとめておく方がいいでしょうって、ま大体そんなとこで。

（一九六六年七月二十日）

沖縄旅行記

この〔科学と技術の〕会もしばらく怠けました。お酒の方はいいんですけど、夜遅くなるのが困るので、今日少し早くしていただきました。都合が悪くてご欠席になられた方もおられるようですけれども、失礼させていただきました。いま松井さんから紹介があったように、こないだ沖縄へ行って一週間ばかりあちこち見せてもらってきました。科学と技術というのにはあまりそぐわないんですけれど、私の話はいつもあまり関係のない話ばかりで、旅行話がこの頃多いんですが、そのつもりでお聞き願います。

沖縄へ行きましたのは、実は向うに学校の先生の教職員会というのがありまして、そこで毎年、一月の終りから二月にかけて、教育研究集会というのがあります。向うの教職員会というのは、こっちでいう、教育会というのと組合をちょうどいっしょにしたような役目をしている。こんどやりましたのは、研究集会ですから、いろいろ現場の先生方が、教育上の、教育方法だとか、いろいろそういうふうな経験とか、研究の結果を持ちよって発表、討論するという性格のもので、組合的な会ではなかった。この会で毎年、本土の人に来てもらって、講演してもらう。向うの人は本土って言うんです。

茅〔誠司〕さんが、たいへん沖縄のことに熱心でして、先おととし茅さんに頼まれて、結局、去年行くことになっていたんですが、行けなくなって、それで今年また、行くことになった。一度約束破ったものですから断わるわけにゆかなくて出かけました。ところが、新聞でご承知のように、こっちでは教育法といっていますが、いま向うで、教公二法というのが立法院に上程されるというんです。これ先生方は反対なんです。ちょうどその騒ぎの最中だったんです。でも、まあ幸いに研究集会のある三日間は、国会、立法院の方が、本会議が始まっていないんで、その間、何事もなかった。もっとも、その前に、本会議の前に、文教委員会という会で強行採決を与党がやっちゃったんですね。ですから、その騒ぎの最中ではあったんです。ただ上程させない、上程を阻止しようとする動きはあったんです。研究集会が済むまでは、表立ったデモとか何とかいうのはなかった。

戦跡めぐり

それで大ざっぱに言いますと、沖縄本島だけで、ほかの島へは行かなかったんだけど、那覇、それからその近郊、近郊といっても島ですから、あの有名な、戦場になった南部、それから中部にコザ(注一)という市があるんです。さらに北の方に名護というところがある。そこまでいって、この三つのとこを見て来ました。ちょっと北の方にいろいろあるんですけれども、そこまで行くというのはなかなかたいへんです。ざっと見た印象では、だいたいこっちの、本土の、十年前ぐらいの状態じゃないかと思うんですね。この状況、それから人たちの着ている着物など見たり、それから町の家なみ、学校、小学校、中学校、高等学校も見せてもらいました。十年前といいますと、こちらでもちょうど安保の騒動の始まったのは七年前ぐらいですか、立法院の前の坐りこみとか何とかいう、その立法院が、委員会で強行採決をやったというようなところも、これは十年前じゃなくてもうちょっと近いころ、同じようなことやっていたのに似ていました。

それで例によって、かたのごとく行ってすぐ戦場の跡、ひめゆりの塔とか、いろいろありますが、それにおまいりしました。行った日が案外寒い日でして、もっとも天気があんまりよくなくて、一週間いたはじめの四日ぐらいは、雨が降ったり、雪は降らなかったけども、日があんまり当らないんですよ。思ったより寒い感じ、風が相当強いんですね。多少陰うつなような、あんまり南国の感じのしない天気が続きました。

午後、戦跡めぐりをやりました。沖縄って島は珊瑚礁が隆起して、特に南の方はそうなんです。ですから土地が石灰岩なんです。石灰岩もでこぼこの珊瑚礁で、よく見ると珊瑚のあばたがついているのが見えるような土地なんです。それが風化したりなんかして、そういう意味で非常に土地がやせているというか、表土が薄いんですね。それとアルカリ性の土地で、ここは農業の専門の方がおられるんだけど、実際なんかやせた土地という感じです。畑の中にはこんなでっかい、大きな石がごろごろしていたり、それで砂糖きびはそういうとこでも生えるらしいんで、ちょうど今砂糖きびの収穫がはじまったところで、砂糖きびの穂が出ている。僕は砂糖きびの穂って初めて見たんですけれどね。あのサンプグラスってのがあるでしょ、あれの大きいみたいなやつ、ああいうふうな穂ですね。今ちょうど穂がついている。それが一面風になびいて、なかなか壮観なものですけどね。

南部の戦場になったあたりは、土地が非常にやせてるものですから、砂糖きびの畑も一面にというわけにはいかない。戦争のとき、はじめアメリカは東側から上陸するような陽動作戦というのでしょうか、艦砲射撃を盛んにやったらしい。それで東側から上陸するっていうふうに見せかけ、北の方の宜野湾《ぎのわん》ってあるでしょ、日本の軍隊は東側の方に引きつけられて、西からほとんど無血で上陸した。そして島のちょうどコザっていう中部の、ちょっと北の所が一番島の狭いとこなんですが、それのちょっと南側に、あれ何て言ったかなあ、日本軍が飛行場を作った平らなところがある、そこの海岸にほとんど無血で上陸した。そして、まずその一番狭いところを仕切っちゃったんです。そうして日本の陸軍はどんどん南へ南へ追いつめられて、司令部は首里にあったんですけれど、首里も占領されてしまい、北はふさがれて、もう袋の鼠みたいな形で、そして南の方へ追いつめられた。

そして軍隊だけではなくして、住民も逃げ場がなくなった形で、例のひめゆりの塔の近所も人をいれたんですが、あそこの師範学校の生徒たちが、学徒動員で大体看護婦となり、それがやはりいっしょに追いつめられて、もう逃げるところは海だけとなってしまったんです。ところがあの石灰岩の土地なものですから、方々《ほうぼう》にやっぱり洞窟があるのです。非常に大きな鍾乳洞って形ではないんですけれども、やはり洞窟があって多少、鍾乳石みたいなものがありまして、そういうとこへ逃げこむよりしかたがない。そういう状態で、結局、生徒たちにはもう解散という命令が最後に出たんです。その命令が十分に伝わらなかったということもあったらしい。それで彼女たちは実際の戦況がどうなっているか全然わからなかったんですね。あそこの洞窟、ここの洞窟というように、まあ四、五十人とか、二、三十人とかの程度にばらばらに、はいっていった。

それでアメリカの兵隊がやってきた時に、手を上げれば命は助かったわけなんですけど、降参した後でひどい目にあうというのは心配になるんでしょうし、それからそのなかに兵隊もいっしょに逃げこんでいた。それがやっぱり徹底的に抗戦しろということで、ちょっと抵抗したらしいんですね。ひめゆりの塔のあたりは抵抗したもんだから、アメリカの方もガス弾を投げて、それで全員が死んだ。ただまあ何人か生き残ったんですが、そういうグループに先生が何人かついていまして、生徒、子供たちと先生がいっしょにそこで玉砕したという。牛島司令官、牛島中将ですか、それが最後に自決した洞窟がある。その近くの洞窟で男の子の方は最後までいっしょに戦った。それから沖縄県の知事、県知事がやはりいっしょに洞窟まで来て戦死したか自決したのです。

記念碑建立競争

そのあたりを見てまわりましたが、私など、この洞窟をそのままにしておいてくれた方がよかったと思うんですけども、そこへ妙なものを建てるんですね。まあ、ああいうもの建てるよりも自然のままにしておいた方がはるかに印象が強いだろうと思うんです。ちょうど岬の上で島の東南半分が高台になっていて、すぐ崖になっていて下が海になっている所で牛島司令官が最後に自決されたそうですが、そこの洞窟の上に碑が立っている。ここへ行く途中に、本土のいろんな県がそれぞれの記念塔みたいなものつくっているんです。ところでなんか二、三日前に、沖縄へ行ったら東京都と広島県のがまだないと(笑)、たいへん遺憾であるから早くつくれとそんなことが新聞にのっていたと女房が言ってましたがね。

ところがその調子で、あれどこが初めにしたか知らないが、北海道あたりが一番はじめだったかな、北海道の兵隊があそこへ行ったんです。それで北海道が建てた。すると俺んとこも建てねばなるまいというのでだんだん建った。そうするとまた俺んとこの県はないいんじゃないかって、新聞に投書がでたりする。そうすると県会議員さんがやっぱり、肩身が狭いからっていうわけで建てる、それがもうズーッと道の両側にあるんです。それぞれ趣向を凝らしたのかも知らんけど、何かモダンなのあり、古くさいのあり、様式が実にバラバラでしてね、これ、文藝春秋に誰か悪口書いたね。これは日本のいい縮図だって。日本人のその見栄坊と、こりゃ何と言いますか、無計画性のいい表われ、いや悪い表われ(笑)、岡本太郎氏がくそみそにこんな醜悪なものはないと言っていますが、われわれは岡本太郎氏の作品みて、ちょっと醜悪じゃないかと思うんだけど(笑)。

実にモダンな、岡本ばりのがあるかと思うと、古風な、自然石を重ねたものがあったりで、実にもう、ほんとに雑然としていますね。だからああいうのはね、何かやるっていう気があるんなら、金で渡して、統一的に、木を植えるなり、あるいはモニュメントを建てるなら、統一的にやるという、そういうことをやるべきですよ。たとえば、アメリカのワシントンのモニュメントなんかは、世界中の人が寄付して、石を出しているんですね。日本の石もどこかにある。それを積んで大きなオベリスクを作っている。そういう手があったんじゃないかと思うんだけど、まあ今さらしようがない。とにかく、琉球政府ががっちりしていれば、おそらく向うで計画して、そして、各府県からは石を持ちよるとか、あるいは金で集めるとかしてね、そしてビッチリしたものが作れたと思うんだけど。琉球政府というのはそんな力がなかった。それからこっちの方でも沖縄のことを少し考えようってのはこの頃ですからね。だから結果的にはやむをえなかったのかも知れない。しかしとにかく、日本の国民性の表われである。

土地と人

あたり一面砂糖きびの畑なんですけども、穂が出て収穫の最中です。方々、トラックに砂糖きびを積んで、満載して製糖工場へ運んでいる。いま非常に忙しい時期です。向うの百姓さんは、トラック一台でちょうど一万円。ほかの野菜なぞも作っているんですが、これは、大規模に作っているわけではない。まあキャベツのようなものですね。それからそういうものはほとんど輸入らしいんですね。それで、南部から中部へ行きますと、かなり土地が肥えてくるらしくて、砂糖きび畑もそこら一面、すすきの穂みたいに砂糖きびの穂が風で動いている。日が当ると銀色に光っている。かなり肥えている感じで、南部が一番先に収穫して、中部から北の方はまだそれほど活発にトラックで運んでいなかったような印象です。多少、小さい島でも、南と北とで多少違いがあるんですね。面白いのは、北の方の人間と南の方の人間と違うって言うんです、性格が。南の方は馬鹿正直で、北の方は本土に近いせいか、なかなか抜け目がない。あの、小さい島で、端から端まで行くのに自動車で四、五時間でしょうね。大体面積で東京都と同じくらいなんだそうです。小さい島でもやっぱり昔、王朝が三つか四つあって群雄割拠の時代があった。それが、尚家《しょう》っていうのに統一されたんですけれども、やはり、戦争しあった時代があるんです。それから、やっぱり天孫降臨みたいな歴史があって、そして結局、徳川の末になって、島津がだんだん南方の島に進出してきて、結局、沖縄本島のちょっと北に与論島《よろんとう》というのがあるが、奄美大島から種子島、屋久島、与論島以北は島津が支配する。それ以南は琉球の支配を受ける、ということになった。しかし実質的には、尚という、尚侯爵っていたでしょう、あれがあの琉球の国王になっている。しかし実質的にはやはりもう島津が支配していたようですねえ。島津のことはこのあいだ大仏次郎氏が毎日新聞か朝日かに書いていたでしょう、沖縄のことで。島津の侍が沖縄人の着物を着て、沖縄の役人みたいな顔してですね、清と貿易したりするときに、外交的なとりきめに沖縄人みたいな顔して、実は島津のやつが交渉にあたったという。

やっぱりその意味では、沖縄、琉球の王様というのはかいらい政府みたいな面もあったんですね。そして、琉球の方はもう、そういうそのやり方でよろしくやっていたらしい。これは大仏次郎氏が詳しく書いている。そして首里のお城に、今は何にもないんですが、昔のその琉球王の城があるわけです、あったんです。そこにお客を接待する御殿があるわけです。日本風のやつと中国風のやつと両方ありましてね、日本の使節が来ると日本風の御殿で接待する。それから中国から使節が来ると、中国風のやつで接待する。そういうふうに、両方の間をうまく、うまくでもないのか知れん……。それが弱い国の悲劇なんですよ、沖縄の人、今でも笑っているんです。この頃はアメリカと本土と。日本とは言わないんです彼らは、本土というんです。本土政府とアメリカの弁務官との間でこうやっているんだと、多少自嘲的な言い方かも知れないが言っているのです。それで本土復帰っていうのは、あそこの人のもう非常に熱心な希望なんですね。これはもっともな希望だと思うんですけれど、この点では、政治家は与党も野党も一致しているんです。ただ復帰だってすぐできるわけじゃないんで、そこへ行く道程を、過程をどうするかってんで、両方の意見が分れる。

基地にある問題

それで問題はいろいろいっぱいあるんです。中部のコザってところに、基地、飛行場の大きなのがありますが、軍のいろんな施設がそこにある。このコザってのが、小さな村だったそうですが、その村とほかに、村三つぐらい、ほとんど八〇パーセントぐらいの土地を供出させられて、それで残った二〇パーセントか三〇パーセントのところに、いま生活の資を求めなくてはいけない。しかも中部というのは一番農作物のできるところなんですね。南部は非常にやせた土地柄だし、北部は山みたい。中部がわりあい平坦な土地で、それが大きな基地の町。ですからその辺の人はもう農業に依存することはほとんどできないんで、結局まあ基地があるってことで生活している。

それで、財産もあんまりない連中はメードになったり、あるいは米人相手の店ですね。それからちょっと財産のある連中は、この頃非常にいい商売があるんですね、アメリカ人向きの家を建てて貸すんだそうです。もちろんアメリカの方で建てた家はたくさんあるわけなんですけど、この頃ベトナムのせいか、それだけでは足りなくなって、そこで沖縄人が建てた家を借りるということになっている。それで、土地を持っていた連中、多少財産を持っていた連中は、自分の土地にそういう家を次々に建てましてね、そして相当な家賃を取っていて、それが一番いい収入源になっているんですね。そこでいろんな痛しかゆしの問題が起ってくるらしいんですね。たとえば新聞にときどき出ていますが、兵隊が乱暴して、沖縄人に怪我させたとか何とかいう事件がありますとね、それをやかましく取締ってくれということをやると、じゃ取締りましょうといって、兵隊を外出禁止にしちゃう。ここはオフ・リミットだ、はいっちゃいかんという。そうすると今度、商売上がっちゃうわけなんです。それが続いてお客が来なくなれば、上がりがなくなるから、結局、それは解除してくれということになって、もうあんまり強いこともできない。それが非常に痛しかゆし、結局、泣き寝入りにならざるをえない。

教育と政治

それから例のあの教育法二法案というやつ、これは、教職員の政治活動を禁止するという、大ざっぱにいうとそういう法律です。日本でも公務員は政治活動しちゃいけない、日本の法律では。それでまあ向うの政府の考えは、やはり教育は中立でなくてはいけない、ですから学校の先生が政治活動するのは禁止しなくてはいけない。現に本土でもそれをやっている。ある程度の制限はやむをえない、当然あるべきだっていう。これには先生が猛烈に反対しているんです。とにかくその反対の理由は、政治活動というその内容が非常にあいまいだ、それを十分こまかくきめないで、こまかく議論しないで強行する、それを多数で押し切るということは非常に心配である。たしかにあいまいだというのは、本土復帰ということ、たとえば日の丸の旗を立てようじゃないかというようなことも、これ、政治活動と言えるわけです。それで、そういうことを学校で先生が教えるってことがいけないということになると、非常に困る。それでまず政治活動って何であるかということをはっきりさせて納得いけば、それは必ずしも反対しないかも知れない。そういう議論は全然していないという。

それからもう一つは、そういう解釈に疑義が出たり、あるいは行き過ぎがあるという判断を誰がするかという問題です。日本の場合には、日本国憲法というのがあって、基本的には政治活動は自由であるべきだという。しかし、公務員のような場合には、ある程度の制限は必要であるという。自由であるという憲法があってですね、それで自由は基本的人権であるとして保護されていて、しかしある程度の制限はやむをえないというんで、それより下位の法律で制限が行なわれている。それで紛争が起った場合に、解釈に疑義がでた場合には最高裁判所で、これは憲法違反である、あるいはこの範囲内では憲法違反にはならないということを判定するちゃんとした機関があって、そこへ訴える道が開かれている。

　ところが沖縄の場合には、日本国憲法による人権の保護ってなものは全然ない。そういう意味でその行き過ぎた規制に対して、それをチェックする法律もないし、何もない、そこでそういう立法をされると非常に危険だということなんです。これ聞くと、非常にもっともだという感じになっちゃうんだね。僕はその教育委員会によばれたんだから、一方の話だけ聞いているわけなんですけどね、しかしまあ、あんまり大ざっぱな議論ではいけない。やっぱり、それのある行き過ぎをチェックするものがあればまあいい。そういうのがないといくらでも拡張解釈ができる。それであれは反対するんだということを言っている。

　それからまあいろいろ向うの政党の事情がありましてね、その法案が文教分科委員会で通った。強行採決して通ったというのは、一人寝返った議員がいるというんです。労働組合を地盤にして出た議員さんが政府与党の方に変っちゃってね。あそこは野党と与党との差がほとんどないんですよ、与党の方がちょっと多いんです。ですからその小さな委員会などになりますと一人がはいったら、もうコロッと変っちゃう、そういうわけで、その議員さんには、たいへんに恨み骨髄だというんです。反対の連中はそういういろいろ内部の事情もありまして、それから投票数からいくと、野党の方が多いんだそうです。とにかく非常にスレスレなんです。スレスレなもんだから与党の方も躍起になるんですね。ちょうど教育研究集会が済んで、次の日に本会議が開かれたんですが、集会が済んだ晩から次の日にかけてはたいへんなデモが動員されたんですね。議長さんがたいへんな苦境に立った。与党の方はもう警官を動員して、それをゴボウ抜きしたのです。

その時に共闘会議というのができているんですけど、そこで、実はわれわれはデモはする、国会前で坐り込みはする。しかし登院阻止はしない。つまり合法的にやろうということなんです、ただしその寝返った議員さんの安全は責任を持って保証するとは言えませんと。そしたら今度、与党の方はね、そんなんじゃわれわれも登院はせぬというわけなんですよ、一人でも安全保証できないっていうんでは、これは暴力だ、だから登院しないとして、議長に、議長は与党から出ているんですけど、警官を導入してゴボウ抜きにしてでも、本会議を開く。ところが坐り込みしている方は決して登院を妨害しているわけではない。だからそれを警官でゴボウ抜きするのは理くつに合うかどうかという考慮でもあったんでしょう。それからもう一つはですね、那覇の警官全部集めても、その坐っている連中より少ないんですね。それで結局、議長は非常に苦境に立ったんですけど、とにかく最後に「本日は流会」と。流会になると、それから次の日には開かねばならぬ。高等弁務官が立法院が開かれた日に演説するわけなんですね。これは、かなり儀礼的な演説らしいんです。これは非常に異例なことだと、それが流会でできなくなったのは。それで次の日にはとにかく開院式と、開院式にその演説があるんですが、それだけはやる。議事日程にはそれ以外のことはやらない。それから緊急動議はいっさい受けつけない。とにかく開くだけは開く、というので妥協が成り立って、そして流会で次の日に弁務官の演説が行なわれた。そして後はその議事の日程については与野党で改めて相談するということで一応、休戦状態。議長さん、その点では、こっちの、本土の議長よりはフェアである。後はときどき新聞に出ている程度しか私は知らないですけど、ちょうどそういう状態にぶつかったわけです。

教職員会の会長さんていうのが非常に苦悩しておられたようですね。この大事な時に狭い島の中で、与党だ野党だと言って割れているのはどうであろうかという。それでもやっぱり若い人に突き上げられるとどうにもならない、そして常識ある行動で反対したという。その理由ですね、それをいろんな人にわかってもらえるかという。たいへん苦労してデモはするけれども阻止はしないという。その線を会長さんががんばって、それ以上やらないでくれということを言った。その前に断食をやっているんですね。それで、文教委員会で〔開く、開かせないのと〕やっている時に坐りこんで、これも合法的にやろうというんで断食をやった。断食している最中にですね、警官導入があった。つまり野党が、委員会で寝返った人がいるものだから、与党多数になるわけでしょ。そこへ野党の、ほかの委員会の、委員でない連中が大勢はいって開かせない、開かせまいとしたらしいんです。そこで、議長が警官を導入して、委員以外の野党をみんな外へ出して、そして多数ってことで、委員会ではそれを多数決で承認したという形にしちゃった。そこで断食はもうやめるということになった。僕は行く前に新聞で、その教育会の会長さんが断食しているという話を聞いたから、さぞ腹減ったような顔しているだろうと思っていたら、断食は途中でやめになったと。それでどうなりますか。新聞によると九月いっぱいまでは休戦状態だ、それからまた戦争がはじまるんですか。それからアメリカの弁務官もたいへん賢明で、その演説には、一言もそれに触れていなかった。まあ、政治の話はこれくらいにして。

（注一）一九七四年に美里村と合併して沖縄市となった。駐留米軍の嘉手納基地がある（四〇四―四〇五ページ）。基地は、二〇〇〇年八月現在、名護市への移転が検討されはじめている。

訪英旅行と女王さま

一昨年春訪英したとき、エリザベス女王さまに申しわけないことを二つばかりしてしまった。

その前の年、ロンドン・ロイヤル・ソサイエティの代表団が訪日された。そのとき日本学士院は天皇陛下と代表団としばしのお話がなされるよう日程を作った。そのお返しの意味か、訪英したわれら一団も女王さまにお目にかかる光栄を有した。

ちょうどバッキンガム宮殿でおひるの衛兵交代の式が終り、それを見物していた群集たちがなお去りやらず御門まえの大噴水のわきにむらがっているころ、われら一行は車をつらねて宮殿に着いた。御車よせで舎人《とねり》たちがうやうやしく車の戸をあけると、古風でみやびやかな装いの式部官のかたが、上品に、にこやかにわれらをむかえられ、われらは謁見の間《ま》に導かれた。

案内されたのは、古い絵画や、映画の場面で見たことのあるような美しいお部屋で、かざりだなの中には、由ありげな品のかずかずがかざられており、その中に日本製の陶器がいくつかならべられているのが目を引いた。お部屋の前には、テラスをへだてて青々とした芝生があり、芽ぶきしたばかりの大きな樹々がおもむきある風ぜいに配されたイギリス風庭園がそこから静かにひろがっていた。

そのうちに、向うの壁のどっしりした扉が開かれ、女王さまがお出ましになった。今日の謁見は全く非公式に、ということで、われらも平服であったが、女王さまも、ピンクがかった簡素なスーツをお召しになり、こちらの方に軽やかに歩んでこられる。そのとき手にハンドバッグをさげておられたことが、なぜかしらぬが、妙に印象に残っている。

女王さまは、一列にならんだわれらの前に来られ、われらと同行された湯川〔盛夫〕駐英大使から一人一人の名前をお聞きになると、握手をたまわり、そして、イギリスは初めてですか、とか、どういう御専門ですか、などとおたずねになる。なかでも、われわれ一行の一人、木原〔均〕先生が講演のために用意された「植物の右まき左まき」という題目を知っておられ、ことのほかそれに興味をお感じになったらしく、このお話をなさるのはどなたですか、などとおたずねになり、木原先生が、それはわたくしでございます、とお答えし、しばしそれが話題になったりした。

　そのようなことがあってのち、女王さまは順ぐりにまわってこられ、いよいよわたくしの番になった。女王さまは型のごとく、イギリスは初めてですか、とお聞きになったので、いいえ、一九五三年にバーミンガムで核物理の学会があったとき十日ばかり滞在したことがございます、と申し上げると、おお核物理、とてもむつかしいことをやっておられますね、とおっしゃり、ちょっと話のつぎほをさがして居られるようであった。それに気がついたのか、たしか水島〔三二郎〕先生が、よせばよいのに、トモナガ教授はノーベル物理学賞の受賞者でございます、と横から女王さまに申し上げてしまった。

　そうなると女王さまはいろいろおたずねになる。何年度の受賞ですか、とお聞きになるから、それは一九六五年でございます、と申し上げると、それはすばらしい、何でも授賞式もバンケットもたいへん立派で、賞は王さまみずからお手渡しになるということですが、そうですか、とおっしゃる。「実はわたくし事故で怪我をいたしまして……」と、のどのところまで出かかったとき、わたくしの中のもう一人のわたくしがそれをさえぎった。そんなことを申し上げると女王さまはきっと、おお、それはたいへんでした、車でしたか、とおっしゃるぞ、そうすると、いいえ、そうではございません、めいていして風呂場でころびまして、と言わねばならぬことになるぞ、それでもよいのか、とわたくしの中のもう一人のわたくしはいう……。

そんなわけで、わたくしは小さな声で女王さまの御質問には「はいそのとおりでございます」とつぎほのないお答をしただけであとは口ごもってしまった。

おそらく女王さまは妙な男だと思われたにちがいない。それとも、この男は英語がよくしゃべれないのか、と思われたのかもしれない。そんなわけで女王さまは次にうつって行かれた。

このできごとは、それからあとの旅行中、しょっちゅうわたくしの心のどこかにひっかかっていた。おまえは女王さまに嘘をついたのだぞ、とわたくしの中のもう一人のわたくしはいう。いや、うそは申し上げていない、ただほんとうのことを申し上げなかっただけだ、とわたくしはいう。するともう一人のわたくしはいう。おまえがほんとうのことを申し上げなかったので女王さまはおまえが授賞式に出たと思っておられるぞ、おまえは結果において女王さまをおだまし申したのだぞ……。

日程は、ロンドン、ケンブリッジ、オックスフォード……とイングランドをめぐり、いろんなところを見学し、いろんな学者先生がたにお目にかかった。イングランドの田園風景は、中学生のころ見た英語のリーダーのさしえや、贈りもののハンケチの入っている紙箱のふたに金のふちどりなどして、よく、はりつけられていた色ずりの西洋風景の絵などを思い出させた。どのあたりであったろうか、ゆるく波うつ牧場のあちらこちら、まだ裸で立っている巨木の木ずえに、たぶん鴉《からす》のしわざであろう大きな巣が、枯枝をあつめていくつも作られている。こんな童話的風景がなにか奇妙にわたくしの心に残った。

そういうイングランドの旅を、それの古い保養地、イギリス海峡をはさんでフランスに相対している町、ブライトンで終り、われわれの旅路はスコットランドに移った。

飛行機から見たスコットランドにはまだところどころ雪が残っていた。ロンドンではすでに連翹《フォルサイジア》や扁桃《アルモンド》の花が、黄色に、桃色に、広場や公園をはなやかに色どっていたが、エディンバラに着いてみると、そこではまだ花には早かった。しかし城山につづく岩山の路辺には、ところどころ、えにしだに似た灌木が、うす黄色のつぼみをつけ、もうすぐ咲くぞ、といっているようなふぜいであった。

スコットランドはこのエディンバラで、エディンバラ・ロイヤル・ソサイエティのパーティーがあった。

エディンバラは古いおもむきをそのまま残している町である。お城のある岩山の下、詩人スコットのモニュメントのある広場からほど遠くない町の一角に、このエディンバラ・ロイヤル・ソサイエティの建物はある。それは由緒ありげにどっしりとした建物であったが、ロンドン・ロイヤル・ソサイエティのそれのように広大なものでなく、たちならんだほかの家々にまじって、目だたない、親しみやすいたたずまいをしていた。

建物がそうであったように、ここのパーティーに集まってこられた当地学界の耆宿《きしゅく》たちも、何となく、今までイングランド各地でお目にかかったかたがたより、より近づきやすいような感じがした。またわれわれ一行も、旅路の終りに近づいたという思いで、いくらかリラックスした気分になっており、パーティーには、はじめから、今までにないくつろいだ空気がただよっていた。

しかもここはスコッチの本場である。パーティーの席はだんだんと楽しいふんいきになってきた。特に、われわれの訪英に関して裏方さんの立場でいろいろお骨おり下さり、このスコットランドの旅ではわれらと行を共にしてくださったロンドン・ロイヤル・ソサイエティの事務総長デービッド・マーティン氏は、当地の御出身とかで、いままではどちらかというと無口なかたであったのが、ふるさとでのこの会合ではたいへん陽気になられた。

一人一人何かしゃべるべし、という動議が出たようで、それがいつの間にか成立してしまったようで、一人一人からおもしろいジョークやアネクドートが出た。そしてわたくしの番になった。

わたくしは外国語のおしゃべりは苦手であるので、学士院で訪英団に加わるよう南原院長に言われたとき、一つの条件をつけた。それは、専門の講演以外のスピーチは日本語でしかやらぬこと、そのときは水島先生に通訳をおねがいすること。

だからわたくしはわたくしの番になってもあわてなかった。そしてわたしは水島先生に目くばせして始めた。

「日本は明治のはじめに、三百年にわたる鎖国をとき、西欧諸国に国を開き、いろいろ新しい文明に接することになりました……」

ここで水島先生の訳が入る。

「そして、学問にしても芸術にしても、またそのほかの事にしても、いろいろなものを西欧から学びました……」

ここで水島先生の訳が入る。

「これらいろいろなものは、もちろん大部分よいものでしたが、正直に申しますと、中に悪いものもないわけではありませんでした……」

ここで水島先生の訳が入る。

「よいものとは、例えば皆さまがた、およびわたくしたちが専門とする科学、それは中でも最もよいものでありましょう……」

ここで水島先生の訳が入る。

「次に悪いものは……」

ここで水島先生の訳が入る。

「それは、ごちそうとお酒を目の前にしながら、スピーチをしなければならないという習慣であります」

ここで水島先生の訳が入ると、皆で大笑いになった。わたくしはさらに続けた。

「しかし、ローマにてはローマ人の如くせよ、ということわざがあります。だからわたくしも一つお話をいたしましょう……」

ところが、水島先生御愛用の補聴器にこのとき雑音でも入ったのか、ローマにては云々のところがお聞きとりにくかったらしく、そこをとばして「しかしわたくしも一つお話いたしましょう」というところだけを訳された。

そこでわたくしは水島先生に向ってもう一度「ローマにてはローマ人の如くせよ、というところを訳して下さいませんか」とお願いしたとき、突如としてマーティン氏が立ちあがり、「In Rome do as the Romans do.」と言われた。これには日本がわ一同驚き、また主人がわの皆さんもびっくりされたらしく、「ブラボー、デービッドはいつ日本語を勉強したのか」といった声があちこちから聞こえた。

それはそれとして、そのあとわたくしのした話は、エリザベス女王さまに真実を語らなかったことの告白、それをいままでかくしていたことの苦しさ、そして、この告白とざんげによってその罪がゆるされるであろうか、という訴えである。

この会合が終ってホテルに帰るとき、マーティン氏は玄関でわたくしのところによって来られ、「女王さまのことは、わたしからよく申し上げておくよ」と言われた。

こんなことがあって再びロンドンに戻り、最後の夜は、テレビ塔の上にある回転レストランで、くつろいだお別れのパーティーがあった。そこでわたくしはもう一度、今度はイングランドのかたがたに告白とざんげをした。ここでも一座はだんだんと陽気になり、わたくしはほっとした気もちで、窓の外にあらわれては去り、去ってはまたあらわれるロンドンの町の夜景のくりかえしを、席のざわめきを聞きながらぼんやりといつまでもながめていた。

もう一つの申しわけないことについて告白しなければならない。

バッキンガム宮殿では、実は、謁見の間に入る前に、お手洗に行ったのである。そこで鏡の前でネクタイをなおしたり、肩にぬけ毛がついていないかしらべたりして、最後に手を洗い、そなえてある手ふき紙で手をぬぐった。そのときふとこの手ふきを見ると、点々、点々、点々、と二つずつ並んだ小さな孔の対が紙一面に小紋ようの模様をなして美しく配列されているのに気がついた。

このときである、事が起ったのは。すなわち、これは珍らしい紙だ、と思った瞬間、この手ふきを一枚、記念のため日本にいただいて帰り、日本の友人たちに見せびらかしたい、という出来心が起った。そして一枚をていねいに折りたたんで手帳にはさみこみ、それをポケットにおさめたのである。

謁見の間に行く前にお手洗に行ったのは確かにわたくし一人ではなかった。わたくしの記憶に誤りがなければ、そのうちの二人の先生がたがわたくしと共にお手洗に入り、そしてやはり一枚ずつ紙をおもち帰りになったはずである。しかしここでそのお二人の名前をいうつもりはない。わたくしはただわたくしのこのおこないを皆さまがたに告白しざんげするのである。お二人はわたくしのまねをされただけであって、この悪いことを最初に考え出したのは、疑う余地なく、わたくしであったのだから。

解　説

江 沢　洋

1　物理学者・朝永

本書の著者・朝永振一郎は量子電磁力学の「くりこみ理論」で一九六五年度のノーベル賞に輝いた理論物理学者である。その業績は、そこに至る道程とともに著書『量子力学と私』(岩波文庫、一九九七年)から窺い知ることができる。

晩年、命の尽きるまで問い続け書き続けた『物理学とは何だろうか』上・下(岩波新書、一九七九年)は、早期の編になる『物理学読本』(学芸社、一九四九年/みすず書房、第二版、一九六九年)とともに、いやそれよりもなお、物理の奥深くわれわれを誘う。

物理や化学、あるいはその応用を志す学生のためには「あまり急がずに」基礎物理の核心に迫るよう挑発してやまない『量子力学』(みすず書房、第二版、Ⅰ一九六九年、Ⅱ一九九七年)がある。その補巻とされる『角運動量とスピン』(みすず書房、一九八九年)は遺されたノートを門弟がまとめたものである。

数多くの講演や折りに触れての随筆は『朝永振一郎著作集』(みすず書房)にまとめられ、全十二巻と二つの別巻におよぶ。別巻の三は友人や弟子たちの語る「人と業績」である。専門の学術論文は *Scientific Papers of Tomonaga*, 全二巻(宮島龍興編、みすず書房、一九七一、一九七六年)に集成されている。

朝永は、この『著作集』あるいは本書に見るとおり、感性の豊かな、思いやりの深い人であった。その人となりは自ら綴った「年譜」(『著作集・別巻2』)がよく物語る。それを収めた『回想の朝永振一郎』(松井巻之助編、みすず書房、一九八〇年/英訳、MYU, Tokyo, 1995)も、また『追想 朝永振一郎』(伊藤大介編、中央公論社、一九八一年)も友人や弟子たちの証言を集めて大人物の貴重な記録になっている。

2 巣立ちまで

朝永振一郎は一九〇六年、東京に生まれた。姉が一人いた。やがて弟一人、妹一人が生まれる。父三十郎は巣鴨の真宗大学(後の大谷大学)で哲学概論と哲学史を講じていた。大村藩士・甚二郎の三男で、東京帝国大学文科大学に哲学、哲学史を学んだ人である。

その著『近世における「我」の自覚史』の復刊(角川文庫、一九五二年)に際して、朝永は「父は……晩年にいたるまで絶えず手を入れていた」という一文を寄せた。そういう父であった。母も武家（川越藩士）の出だ。お茶の水女学校を卒業、源氏物語や和歌の個人教授を受けた。父の長兄、正三は東京帝国大学工科大学を卒業し、農商務省を経て京都帝国大学教授となった。

一九〇七年、父が京都帝国大学文科大学に転じ、その翌々年から四年間におよぶ海外留学にでる。一家は父とともにいったんは京都に移ったが、また東京に戻り母の実家に寄寓。振一郎はそこで小学校に入る。自筆の年譜にいわく「学校では泣き虫で有名となる。」父の帰国を迎えて一家は再び京都に移る。「京都ことばがわからないで難渋する。そんなわけで学校へ行くのをいやがり両親を困らせる。」

中学に進むと、「病気のため入学早々一学期間休学。二学期から登校して、英語がさっぱりわからないで、皆に追いつくのに苦労する。」年譜は、いつまでもこんな調子である。これが将来の感性を培ったかもしれない。戸外で他の子供たちと遊ぶ機会も少なかったので、早くから科学的観察とか実験の類に親しみ、また天井を見ながら考えるという後年の習慣を身につけたという。

第三高等学校を経て一九二六年、京都帝国大学理学部に入学。「大学三年目(第二次大戦後の学制改革まで大学は三年間であった)で専門として当時始まったばかりの量子力学をえらんだのはよかったが、何しろ新しい学問で専門の指導教官もおらず、勉強に困難を極めた。湯川秀樹も同じ専門をえらんだので、二三の先輩とともに輪講その他をやった。」この年代の苦しい模索による蓄積が後に名著『量子力学』に、また学士院賞に輝いた『超短波磁電管の研究』に稔ったのだと思われる。

この時期から後の朝永の物理学については本書の姉妹篇である『量子力学と私』に詳しい。

一九二九年に大学を卒業。「就職口もないまま、とにかく無給副手として大学においてもらう。相変わらず病気がち、しかしよかったことは病気のためいろんな本が手あたり次第読めたこと。」

その前から仁科芳雄がコペンハーゲンで量子力学の生みの苦しみに立ち会っていた。六年の研鑽の後、自らもクライン‐仁科の公式を仕上げて帰国。京都大学に招かれて集中講義し研究の現場の風をもたらしたとき、朝永は卒業して二年を経ていた。

「ここで始めて光明を得た思い。始めはおそるおそる、質問などするのに大いに勇気がいったが、気がるに答えて下さるので安心した。」

仁科の誘いに――逡巡の後に――応えて、一九三二年、東京の理化学研究所に入る。「健康をとりもどし、下宿生活の自由もいくらかエンジョイした。寄席に精勤し、アルコールの味をおぼえた。これら一般教養に有能な先生が理研にはたくさんいた。」

この年は海外で核物理学の実験上の大発見が続き奇跡の年といわれる。仁科は、朝永らとともに懸命にそれを追おうとした。工業水準もまだ十分でない悪条件の中で！　それに朝永の感性が反応したのだろう。「エンジョイした」が「いくらか」に留まった。朝永は、父が東京に発つ息子のために西田幾多郎に書いてもらった「古人刻苦光明必盛大」を下宿の床の間にかけていたが「何だか始終叱りつけられているようで苦しくて仕様がない」と母親にいって、いつのことかわからないが、別の軸に替えてもらった。仁科研にいた竹内柾によれば、西田の「悉く書を信ずるは、書無きに如かず」がかけてあったという。

一九三五年、湯川が中間子の仮説を提出。それが理論物理に対してもち得る意義の大きさが朝永には予測できただろう。それだけに心中に穏やかでないところもあったにちがいないが、外には出さなかったようである。一九三七年、仁科の先生だったニール

講義中の「おやっ？」 東京教育大学にて，1960年2月16日．菊池俊吉撮影

ス・ボーアが来日した。仁科やボーアの一団から少し離れて陽気にはしゃぐ朝永の映像が残っている(「映像評伝・朝永振一郎」、科学技術広報財団)。作家の野上弥生子が語っているのも、この頃のことである(「朝永さんと北軽」、『野上弥生子全集』第二三巻、岩波書店。前掲の『回想の朝永振一郎』にも所収)。

科学者たちの自由な楽園に五年、その理論物理の中心となっていた朝永にドイツ留学の機会が訪れる。一九三七年、量子力学の創始者の一人、ハイゼンベルクの指導を受けるべくライプチヒに向かった。「ドイツ語がよくしゃべれず、東京から京都へ転学した一年生のような気もち」だったライプチヒでの生活は「滞独日記」(『量子力学と私』所収)から察せられる。独英戦争勃発のため二年足らずで中途の帰国となったが、くりこみ理論への出発点はここで準備されたといえるだろう。

帰国後、朝永は東京文理科大学に移って教授となる。

3　一般教養としての物理

一九四五年、第二次世界大戦に敗れた日本は、占領軍の指導のもと教育の制度も改める。翌年三月に第一次アメリカ教育使節団が来日、八月には総理大臣所轄の教育刷新委員会が発足している。使節団は、日本の在来の高等教育では専門化が早すぎ人間形成に幅が乏しいと批判し、大学への一般教育の導入を勧告した。占領軍総司令部公衆衛生福祉部の係官の言「日本の医者はスモール・マーチャント式が多い」が伝えられたとき、教育刷新委員の一人は「それは旧制大学教育のあらゆる分野にあてはまる」と応じたという。こちらにも反省はあったのだ。もちろん、制度の転換には反対もあったようである。旧制高校の存在を考えに入れたら使節団の批判は的外れともいえたからである。

新制大学の設立基準は、はじめ文部省主導で議論されていたが、大学自身に委ねるべきことが勧告され、一九四七年七月に大学基準協会が発足、翌年の二月にはそこに一般

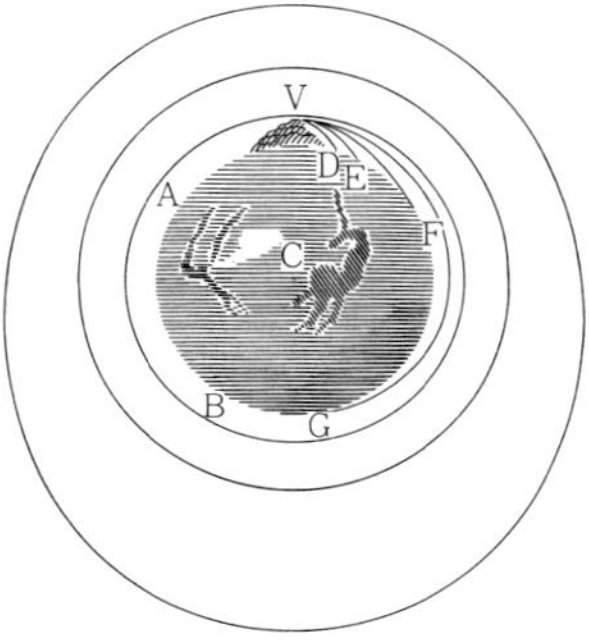

朝永案では「月はなぜ落ちてこないか」など，問いかけが新鮮だった．図はニュートンの説明．（『物理学とは何だろうか』上の109ページを見よ．

教育研究委員会がおかれて朝永も自然科学部門の委員となった。委員長は弥永昌吉、委員は朝永のほか正野重方、玉蟲文一、萩原雄祐、鏑木政岐、黒田孝郎など代表的な学者一四名からなる。一九五一年の最終報告では朝永委員は小谷正雄に交替している。一九四九年にプリンストンの高等研究所に招かれて渡米したためであろう。

朝永の教案は委員会の中間報告『大学に於ける一般教育』(大学基準協会、一九四九年)に「物理学(第二案)」として載っている。委員会では一科目四単位とする方針だったが、これは全体を六単位とし教師の裁量に期待している。当時は人文科学、社会科学、自然科学の三系列から文・理共通に各三科目以上の履修を義務づけていた。外国語は道具であるとして一般教育の外におかれた。

朝永は、別のところで「文科系へ行く人には、文科系の物理というものがあるんじゃないか」といっている(『著作集9』三二九ページ)。この教案も、この考えからつくられている。すなわち「文科系の仕事をする人も、やはり自然科学というものが、人間にとってどういう意味があるかということ、あるいは社会の中で自然科学はどんな役目をしているかといったこと……、物理の中身は、そんなにご存じなくてもいいけれども、そういうことをわかっていただく必要があるんじゃないかと思います。」

また、後に文部省が高等学校の学習指導要領を変えて物理をIとIIに分割し、文科系の生徒はIだけ履修すればよいとしたとき「文科系の人は半分だけ聞けばいいというのは、ずいぶん乱暴な話」だと言ったこともある。この随筆集は文科系の方々も読んで下さるだろう、ぜひその辺にも想いをめぐらしていただきたい、というのが、ここに教案を入れた編者の願いである。かつては、このような教案が構想された時代もあった。いま、日本の高校生の十パーセントくらいしか物理を学ばない時代になっている。いわんや、大学生においてをや！　編者の願いは、もう一つある。最近、学生たちの目を惹こうと相対論や量子の不思議をふりかざす向きが目立つ。物理のおもしろさはもっと深いことを、この教案から知ってほしい。

この教案は、一九四九年に『物理学読本』として具体化された。門下生数人が朝永を交えた討論の後に分担執筆したものである。それは今日、みすず書房刊の第二版(一九六九年)で読むことができる。

4 物理学のために働く

さて、朝永が専門誌でない雑誌に寄稿し始めたのはいつだろう? 『科学』(一九三一年創刊、岩波書店)は専門誌に近いとして別にし、『帝国大学新聞』の短篇「湯川教授の理論」(一九四〇年二月)も別とすれば、「原子核の理論」(『科学知識』(一九二一年創刊、科学知識普及会)、一九四一年一月号)が最初である。ドイツ留学から戻った朝永は、この年、三五歳、東京文理科大学教授となっている。戦後にとぶと筆は急に燃え上がる。「量子力学的世界像」、「光子の裁判」(『基礎科学』(一九四七年創刊、弘文堂)、一九四七年十月、一九四九年七、八月)と続き、「素粒子は粒子であるか」(『科学朝日』、一九四九年七月号)にいたる(「量子力学的世界像」以下は『量子力学と私』で読める)。これが積年の研究のくりこみ理論への結実の時期に一致しているのは興味ぶかい。挑発の書『量子力学I』が書かれたのもこの時期であり(「現代物理学大系」(東西出版社)の第二回配本として一九四八年四月に刊行。『量子力学II』は後の一九五三年一二月にみすず書房から刊行)、研究生活の充実が筆の力となってあらわれた観がある。まさに、その執筆中のことだった、担当編集者の松井巻之助がラム・シフトの実験を報じた米誌『タイム』を届けたのは。朝永は「たいへんなことになった」と言い、それから松井の受け取る原稿の量は激減した(松井巻之助「〝トンネル開通の日〟のことなど」、『著作集・別巻3』所収)。この実験は朝永のくりこみ理論にとって初めての試金石だったのだ。アメリカではファインマンやシュウィンガーがその解析に乗り出していた。

随筆がはじまるのはもっと遅い。一九四八年になって『文理科大学新聞』に「植民地的なものからの脱皮」、「科学の高度化とジャーナリズムの役割」ほか一篇が書かれ、「かなしい現実」が『自然』(一九四六年創刊、中央公論社)、一九四九年一月号に現われる。太平洋戦争に敗れた後の窮乏の中で、欧米と先陣を競う「くりこみ」の研究論文が二年間も出版できずにいたことを嘆いたものである。この頃、くりこみ理論は一段落しているのだ。

こうして、この解説にこれまで描いてきた朝永像は、この随筆集の射程以前に属し、背景ということになる。

一九四九年、くりこみ理論が認められプリンストンの高等研究所に招かれて渡米する。

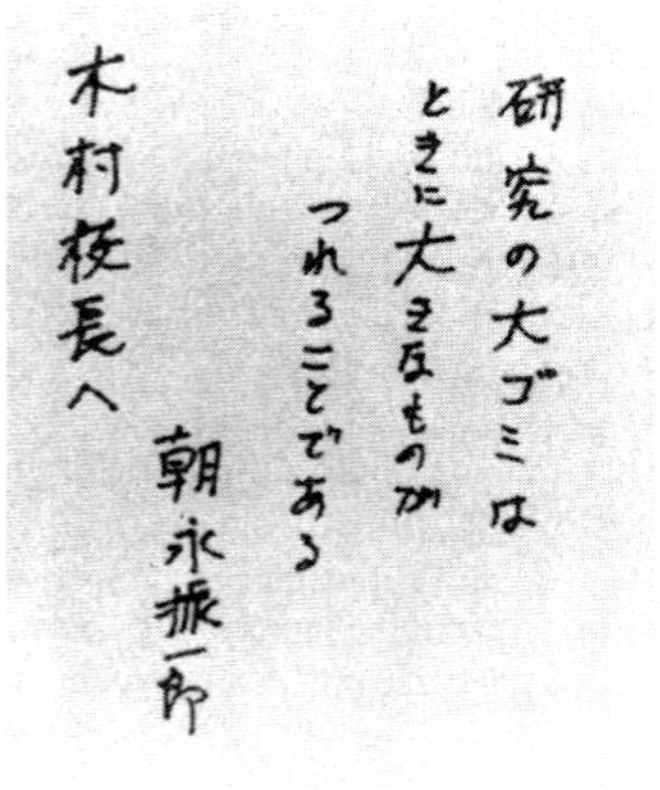
研究の大ゴミは
ときに大きなものが
つれることである
朝永振一郎
木村校長へ

福井高専における講演「科学の周辺」のあとに(1972年). 大ゴミ(醍醐味)は目に触れた学生の誤字からのシャレ. 木村毅一の一文(『回想の朝永振一郎』所収)より

「アメリカ生活は大変有難いはずであったが、あまり結構すぎて極楽に島流しになった感じで、ホームシックに悩む。」ここで、くりこみを離れ「とにかく多体問題の研究を一つまとめて帰国。」いや、「とにかく」どころではなく国の内外で新機軸として大きな反響を呼び、核物理への応用も追究された。そして今日、固体物理において一層おおきくとりあげられている。

翌一九五一年から朝永は『科学』、『自然』に精力的な寄稿をはじめる。プリンストン高等研究所が固定所員を少なくし、一、二年という短期滞在の客員を主として開かれた運営により所内外の研究を刺激していることに強い印象を受け、そのわが国における実現を訴えたのである。本書にも「プリンストンの物理学者たち」、「共同利用研究所設立の精神」を収録した。

一九四九年に湯川秀樹がノーベル賞を受賞し、それを記念する形で、わが国初の共同利用研究所が一九五二年に実現した。京都大学の基礎物理学研究所である。続いていくつかの共同利用研究所がつくられ活発に活動したが、二一世紀に移ろうとする今日、共同利用の精神は機械的な行政改革の波に荒らされようとしている。

一九五一年一月に仁科芳雄が没した。この親方の担っていた行政の重荷が朝永の肩にかかり「今までのように研究ばかりですごされなくなり、忙しくなる。」学術会議（伏見康治「朝永先生と学術会議」、『伏見康治著作集8――私の研究遍歴』みすず書房、一九八八年、所収。福島要一「朝永さんと学術会議」、『著作集・別巻3』所収）の原子核研究連絡委員会委員長の重責、科学研究所における研究の運営、特にサイクロトロンの再建、……が学問一筋できた筆に「十年のひとりごと」を綴らせる（「原子核研究所設立のための田無町民と物理学者たちとの話し合い（一九五四）」、『日本の物理学史』下、東海大学出版会、一九七八年、資料13―9）。その年の九月には父が死去した。

朝永の雑誌への寄稿は日本の原子核・原子力研究のあり方、素粒子論の進むべき道の考察に向かうが、その中に「本屋さんへの悪口」や「学者コジキ商売の楽しみ」が混じる。後者は読売「湯川奨学資金」交付の際の挨拶だ。コジキとはその基金への寄付をお願いして歩いた朝永らのことであった。お願いにまわるのは苦しいが、研究者の成長は楽しみだという。一九五三年に東京・京都で国際理論物理学会議が開かれた。それに馳せ参じた外国の研究者のなかに、物理学に打ち込んでいく日本の若者たちを見て驚き感心した人が少なくなかった。

「こういう気風は、学校で教えようとしても教えられるものではない」と朝永はいう。「いったん失われたら回復は大変である。しかも、失われるのは至極やさしく、作り上げるのはひどく時間がかかる。」そして、このことはドイツの歴史が実証しているというのである。かつては「若いすぐれた学者が雲のようにあらわれた」のに「基礎科学を軽視する気風がナチスの誤った政策によって国全体にひろがった。」その結果どうなったか——「学者コジキ」は困難な仕事の中で自らにこう言いきかせていたのかもしれない。

これを読むわれわれにも、朝永が労をいとわず雑誌に物理学の意義を寄稿しつづけた気持がわかる。いま日本で何がおこっているかをよく考えてみなければならないと思う。

朝永は、科学者のあり方をめぐる考察も多くのこしている。

「ゾイデル海の水防とローレンツ」は、一九世紀に電子論をはじめたことで知られるローレンツが、海面より国土が低いオランダの大規模な水防工事に理論物理の腕を振るった話である。基本の基本まで立ち返って理論を——一歩一歩と実験で確かめながら——積み上げてゆく手法で設計と施工を成功させた話である。なお、電子論とは、物質は真空(電磁場)を跳びまわる正負の荷電粒子群からなるとして物理の基礎法則を適用し、物質の性質を導きだそうとする。すなわち、今日のいわゆる物性論の先駆である。

巨匠の死を悼む追想も、つまりは科学者論である。ニールス・ボーアは一九六二年一一月十八日に、坂田昌一は一九七〇年一〇月一六日に、そしてハイゼンベルクは一九七六年二月一日に、亡くなった。

朝永の発言は核兵器に関する科学者の社会的責任にもおよぶ。イギリスの哲学者ラッセルはアインシュタインと相談して一九五五年に次の呼びかけをした。(ネーサン、ノーデン編『アインシュタイン 平和書簡』、金子敏男訳、みすず書房、一九七七年。第三巻、七三三ページから引用)

大量破壊兵器発達の結果起った危険を見定め、かつ添付の草案の精神にそって決議案を論ずべき会議に、科学者は集まるべきだとわれわれは痛感する。

これに湯川秀樹ら九名のノーベル賞受賞者を含む一一名が賛同の署名をし、第一回の会議が一九五七年七月にカナダのパグウォッシュで開かれたのである。朝永も湯川、小川岩雄とともに出席した。これがパグウォッシュ会議の名でいまに続く。朝永は以後の会にも出席し、それに基づいて多くの訴えを公にしてきた。本書には「パグウォッシュ会議の歩みと抑止論」を載せた。

朝永が教授をつとめてきた東京文理科大学は、戦後の学制改革で東京教育大学となり、一九五六年、朝永を学長に選ぶ。それは「事件」に満ちた時期であった。(参照―大江志乃夫「東京教育大学学長時代の朝永振一郎」、『著作集・別巻3』所収)。「ついに行政家になってしまった」というところで自筆の「年譜」は終わっている。

学長を二期つとめ終えた一九六二年の翌年、今度は日本学術会議会長に選ばれた。それも二期。その六年間には、アメリカ原子力潜水艦の日本寄港申し入れをめぐって政府との間に大きな論争があった(桑原武夫「朝永さんのこと――学術会議時代を中心にした」、『回想の朝永振一郎』所収。同「朝永会長の思い出」、『著作集・別巻3』所収)。また素粒子研究所の問題もおこった。一九六四年から原子核特別委員会で将来計画の中核として進められてきた研究所設立計画について(参照―山口嘉夫「外から見た素粒子研究所」、「西欧

第１回パグウォッシュ会議(1957)における(左から)湯川秀樹，朝永，小川岩雄

での加速器頂上計画」、「西欧の高エネルギー底辺計画」、「わが国の素粒子研究所」、『自然』一九六八年六、八、九、一〇月号)、学術審議会が文部省の諮問に応え「規模を四分の一に縮小し学術審議会の体制下で発足させるべきである」と答申、一九六八年末に研究者側の見解を二〇日間でまとめるよう原子核特別委員会に伝達してきた。委員会は、この案を認めることができず、委員会作成の「これから取るべき方策」案の信任も研究者から得られなかったため、委員の総辞職と再選出が行われた。この問題は、一九七〇年に原子核特別委員

会が四分の一縮小案の成案を策定、文部大臣にその完全実現のための措置を要望して決着した(『日本学術会議五十年史』日本学術会議、一九九九年、六六―七六ページ)。高エネルギー物理学研究所の設置がきまったのは一九七一年(参照＝諏訪繁樹「スタートした大加速器づくり」、『自然』一九七一年二月号、西川哲治「世界の大加速器建設にかこまれて」、『自然』一九七一年五月号)、その加速器が陽子を一一八億電子ボルトまで加速して目標を達成したのは一九七六年も末のことだ(山口嘉夫「欧州が米国を追い越す」、「クォークの時代」、「衝突型加速器の時代から将来へ」、『自然』一九八四年一、三、四月号)。ここにいたるまでの朝永の尽力は、はかりしれない。

5 人間への関心

朝永が人を見る温かい眼差しは本書のどのページにも感じられるが、巻末に収めた紀行文に著しい。一九五七年七月には、中国科学院の招請に応えて学術会議物理学研究連絡委員会と物理学会からの二十名が訪中、朝永は団長をつとめた(詳しくは、有山兼孝「朝永さんと日中科学技術交流」、『著作集・別巻3』所収、同編著『日中科学技術交流の歩み』、有山正孝発行、一九九二年)。中国物理学会理事長の周培源との間に両国の物理学界は物理学の交流と相互間の友好関係を促進し、かつ逐次に実現するために、最大限の努力を払います。

という覚え書きを交わし、以後の科学技術交流・協力の契機となった意義深い訪中であった。「北京の休日」は、その一齣である。「ソ連視察旅行から」は、一九六五年八月から十月にわたる旅行の報告。当時のソヴィエト連邦のアカデミーの招待により学術研究機関等の視察と学術交流のために訪問したもので、「科学と技術の広場の会」といって朝永を中心に一九五八年から開かれてきた月例談話会で話された（会誌『科学と技術の広場』は松井巻之助を編集兼発行人として一九六〇年二月に創刊された。朝永は、別に一九五九—六六年の間、「科学と人間の会」もリードした。加藤八千代『朝永振一郎博士——人と言葉』共立出版、一九八四年、参照）。しかし、長いので人間の描写に絞って収録した。他の紀行文にいたる経緯は、それぞれの中に説明されている。

「沖縄旅行記」は、これも「科学と技術の広場の会」で話されたものだが、沖縄の問題をていねいに説明している。それだけに「教育法二法案」のところには注釈が必要かもしれない。二法案とは「地方教育区公務員法案」と「教育公務員特例法案」をさす。ときは一九六七年初め、一九七一年六月の沖縄返還協定成立以前のことである。一九六七年一月二四日の『朝日新聞』(夕刊)によれば、

民主党(政党は本土のものとちがう。一九五八年に沖縄自民党が結成され、一九六四年末の保守派再合同で沖縄民主党が誕生した(中野好夫・新崎盛暉『沖縄・70年前後』、岩波新書、一九七〇年、五二ページ)。野党には社会大衆党、人民党などがあった。当時、本土の政党は自由民主党、社会党、民主社会党、共産党、公明党など)が成立をはかる「教公二法案」は教職員の政治活動制限、勤務評定、争議禁止を織込んだもので、本土では一九五四年〝乱闘国会〟で成立していた「教育二法」とほぼ同じ内容をもっている。これに対し沖縄野党各派、教職員会は「米統治下のもとでは復帰運動の妨げになる」と激しく反対してきた。

朝永は、四一〇ページでは「教職員会の会長さんていうのが非常に苦悩しておられた」というところまで踏み込んでいる。その人こそ一九六八年一一月の選挙で琉球政府首席

に選ばれる屋良朝苗である。「デモはするけれども阻止はしない」という選択を語って、朝永は「その前に断食をやっているんですね」という。これを「警官導入があった」まで続けて読むとしたら誤解のおそれがある。

中野好夫・新崎盛暉『沖縄・70年前後』(前掲)によれば教公二法案立法の動きは一九五〇年末にはじまる。それは一九六六年に再燃、五月に中央教育委員会で強行採決され立法院文教社会委員会にかけられた。これに反対して、波照間洋『立ち上がる沖縄――教公二法案反対闘争の記録』(労働旬報社、一九六八年)もいうように夏に「教職員総決起大会」が開かれた。断食、すなわちハンストは、ここで決定され実行されたのが第一回である。年の暮れに朝永のいう「寝返り」があって(それまで与野党の議席比率は一七対一五、正副議長を除くと与野党同数であった。中野・新崎、前掲書、五三ページによる)、翌年の一月には広汎な共闘組織が結成され、港運労、県労協がハンストに入った。その中で一〇日、阻止団は朝から立法院をとりまき、院内にも約百人が入って文教社会委員会(文社委)の部屋の前に座り込んだ。委員会の開会は午後にずれこんだが、そこに朝永のいう警官隊の導入があった。波照間によれば「院内の阻止団は、そこで無理な抵抗はしないが、自発的に退去することもしないという無言のすわり込みを続行した。」警官は彼等をゴボウ抜きした。朝永が「委員以外の野党をみんな外へ出して」というのは、そのとおりだが、「そして多数ってことで、委員会ではそれを多数決で承認したという形にし」たの「それ」は教公二法案のことではない。波照間(前掲書)によれば「一八日から委員会を再開する件」であった。

教公二法が文社委で採択されるのは一九六七年一月二五日である。この日は早朝から警官隊が立法院の正面および裏の玄関を固め、共闘会議など三五〇〇人が到着したときは中に入れなかった。請願団が入れないことに野党が抗議している間に民主党は単独で文社委の審議をはじめ、三分遅れてきた野党委員が抗議。野党議員団も加わって議場は騒然。抗議を受けた委員長は一〇時半過ぎに再び開会を宣言し、採決にもちこんだ。「民主党の提案により、政治行為の禁止は本土法にならい、勤務評定の関係条文は削除する。この案に異議はないか」と発言したというが、騒ぎのなかでマイクなしの発言だったので、議事録は穴だらけである。この日も屋良会長ら二一人の「断食請願」は立法院まえで朝から行われ、翌朝まで続いた。二月一日は一五〇日間にわたる定例議会開幕の日であったが、教職員会の二千人が前日から座り込み、当日の正午には十倍に増え「文社委の強行単独採決の無効」を叫ぶ。午後二時に開会予定だった本会議を議長はとりやめざるを得なくなった。再開は三日になる。詳しくは波照間(前掲書)等を見よ。
この間、一月二九日から三日にわたって沖縄教職員会の教育研究中央集会が開かれている。朝永夫妻が那覇空港に着いたのは二九日正午だった。翌日の『沖縄タイムズ』は、朝永の期待を伝える。

沖縄のことは茅誠司さんから聞きました。沖縄病というものがあって、訪れる人は皆かかるそうですね。私もぜひかかりたい。

滞在は五日までだった。『琉球新報』は、朝永が一月三一日、教研中央集会で「原子力の発見まで」と題して講演し四千余人の教職員に感銘を与え、二月三日には二千人の高校生を対象に「仁科先生の思い出」を二時間余にわたりユーモラスに語ったと報じている。いずれも講演の内容に詳しく、本土では見られない記事である。これらのほか、三〇日には琉球大学生に、二日には北部会館で講演した。
なお、教公二法案およびその強行採決に対する抗議はつづき、二月二四日の高まりの中で二法案の実質廃案がきまった。その経緯は前掲の中野・新崎、波照間に詳しい。

6　問いつづけた思い

最後に、「物理学と人間」をめぐる朝永の執拗な考察について書き留めておきたい。朝永は一九五五年の「宇宙線の話」にはじまる仁科記念講演に熱心であった。市井の人々に語りかける講演である。一九六〇年の「放射能の話」では自ら実験もしてみせた。東京の麻布高校の生徒たちからの――直接の――求めに応えて「鏡の中の物理学――自然法則の対称性」を語ったこともある。それらは『著作集』の第九巻などに収められている。

未完の絶筆となった『物理学とは何だろうか』上、下(岩波新書、一九七九年)も、一連の市民講演から生まれた。巻末の「解説」に松井巻之助はこう書いている。

分類「科学と人間・社会」に属する講演は一九七五年ごろから圧倒的に多くなり、その構想の深さ、広さを加えながら、けっきょく一九七七年一〇月の物理学会講演(日本物理学会創立百周年記念の会における講演)、一九七八年四月のフンボルト協会の京都での講演「物理学とは何だろうか」に集約・収斂した形になっています。

この「物理学とは何だろうか」という想いは、ドイツ留学の日にまでさかのぼる(「滞独日記」、一九三九年三月八日。『量子力学と私』一八〇―一八二ページ)。一九七五年三月に三木武夫総理と永井道雄文部大臣の肝いりではじまった「文明問題懇談会」における朝永の発言にも表われている。この会の報告と討論を記録した桑原武夫・中根千枝・加藤秀俊編『歴史と文明の探求』上、下(中央公論社、一九七六年)から引けば、

自然科学でいう自然というのは、どういうものか、……今までの日本、中国で考えられてきた自然と、どういう関係があるのか、あるいは関係ないのか。

さきほど出ました日本人の自然に対応する仕方が、自然になじみになるということ、それと恐れるということ、そして恐れということをもう少し回復しないといけないのではないか、というお話がございました。(上、九三ページ)

ここで『物理学とは何だろうか』(下、一八五ページ)にもある次の話がでる。

自然科学の生まれたヨーロッパでは……そういうものに対する恐れというものがあったようです。例えば、プロメテウスが太陽から火を盗んだ、それに対して神々から非常な復讐を受けて、肝臓を鳥についばまれるという罰を受けたというような、知識というものに対する恐れというのが罰という形で出てくる。(上、九四ページ)

これが原子爆弾に結びついていることは後の報告の機会にでてくるが(下、三四ページ)、いまは

日本人の方には人間と自然の対立がなかったので、それまで全くなじみのなかった科学というものが西欧から入ってきたときにかえってのんきにそれにとびつき利用しようとしてこういう〔自然〕破壊をもたらしてきたのではないか。(上、九四ページ)

これから次の結論が導かれる。

暴論を持ち出しますが、私は科学というのはそれ自身の中に毒を含んでいるものだ

と、いっそのことそうはっきり言っちゃったほうがいいんじゃないか。おそらくご異論があると思うんですけれども。

ただ、毒を含んだものが薬になるということ。つまり薬草というのはだいたい毒草である。……

人間は原罪を犯してパラダイスから追われてしまったので、残念ながら毒のある科学を薬にして生き続けなければならない。そういうふうに考えれば、科学をやたらに使いすぎることもなく、その副作用であるところの自然破壊とか汚染とか、あるいは原爆というようなものに対する警戒心を、常に人々が持つということになるんじゃないか。

ここにいたる思索は、一九七六年に、

公害の源であるとか、生命の尊厳をそこねるとか、科学の評判はこのごろすこぶる良くないが、朝永さんはどう考えておられるのだろうという哲学者・粟田賢三の問いを伝えて編集者・牧野正久が岩波新書の執筆を依頼したとき、一層の熱をおびた（牧野正久「この三年半」、『科学と技術の広場』、第一〇〇号〔最終号〕、第一八巻、一九七九年）。朝永は早くからこう考えてきたのだ。一九七一年の講演から引こう。

科学というのは人間を幸福にしてくれるから、ぜひしっかりやってください、などと言われると、ちょっとありがた迷惑な気がいたします。逆にまた、科学というものは悪いものだからよしなさいと言われても困るので、私どもは第三の、人間はなぜ科学というのをやるかという、第三の理由づけを見出したいと思っているのです。

（朝永「鏡のなかの物理学」、『著作集2』所収。五六ページ）

物理学の原典を一つ一つ読みこんで、それを創りあげてきた人々がどう考え、どう思想の脱皮を果たしたか、徹底的に腑分けする努力がはじまった。『物理学とは何だろうか』の原稿が書かれては直され、あるいは捨てられた。一九七七年の秋も深まる頃、筆はボルツマンやマッハをめぐる熱の原子論の困難な局面にさしかかる。夫人は、こう語ったという（牧野正久「この三年半」、前掲）。

あの人がこんなに夜、家で本を読むのをみたのは、結婚以来はじめてです。こんなに何も読まないで学者が務まるのかしらと、昔はよく思ったものでした。

朝永は、一九七八年五月に食道癌の診断を受けた。午前には苦しい放射線治療に通う身で、午後には会合などさまざまの仕事を病気のふりも見せずにこなす一方、「何だろうか」を問いつづけ猛烈に書きつづけた。熱の原子論における力学的決定論と確率論の対立は朝永の若いときからの宿題であった（「滞独日記」の一九三八年七月二六―二七日に「エーレンフェストをよむ」とある（『著作集・別巻2』）。これはエーレンフェスト夫妻の『力学における統計的把握の概念的基礎』（一九一二）である。この本に朝永は深い関心をもちつづけた）。

一九七八年一一月六日に入院。以来、毎日つけた日記（『著作集・別巻2』に収録）には、次の記述がある。

11月8日

内田先生ヨリ手術ノ話ヲウカガウ。
先ズ喉ボトケ声帯ヲトル。気管ノ上端ヲフサギ胸ノ上方ニ孔ヲ作リ……

11月11日(土)

手術ガ一週間ノビタノデIII_3少シ書キ加エヨウカト思イ(III_3は第III章、第3節の意)、牧野クン(前出の牧野正久。担当編集者となった。『物理学とは何だろうか』が書かれた過程についての思い出は貴重である。「師恩三十年」、『著作集7』月報、「この三年半」、前掲)ヘノ電話デSmoluchowski, Einsteinラノ Brown運動関係ノ論文コピーシテ、明日モッテクルヨウタノム。

11月13日(月)

Einstein, Smoluchowskiヨム。Einsteinノ opalescenceノ仕事(1910)ハマサニBoltzmannノ考エヲ用イテイル。Boltzmannハ死ヲイソギスギタ。コレデ、ツェルメロニモマッハニモ勝ッタノニ。III_3カキナオソウトシテイルウチ、Loschmidt numberノコトヲIII_2ニツケ加エタクナリ(岩波新書、下、六六ページ、『著作集7』、二五四ページにこう書いている。「どうしたわけか彼は個数の計算をやってはいないようなのですが、彼の用いた式からそれを出すことができ、……」朝永が丹念に原論文を読んだことは、ここからもわかる)、マキノクンニ電話スル。

11月17日(金)
少シ書キモノスル。夕食後、木下・岡野両先生、セイゼイ歩クヨウ。……書キモノハ、ナオッテカラニセヨト言ワレル。

11月22日(水)
マキノクンヨリ電話。III_3ツイニマトマラナイコトヲ話ス。シカシ構想ハ大ブン浮ンデキタ、ト話スト、セッカクダカラ録音シトケバヨカッタ、トイウカラ、ソレジャ、今日3時ニ録音器モッテ来イト言ッタラ本気ニナッテクルラシイ。……
夕食前、マキノ君、録音器モッテヤッテクル。30分グライシャベッタカ。III_3トIII_4ノ構想。

『物理学とは何だろうか』に「病室にて口述」としてある小節「二十世紀への入口」がこれである(岩波新書、下の一三九ページ、『著作集7』の三一三ページから終りまで)。
手術は二日後の一一月二四日に行われた。日記は朝七時三〇分に尿の量を記して終わっている。

上には引かなかったが、一一月九日には病院から出て「国際科学エイガ協会総会ヲ開クタメノ役員会」に出席した。二二日の日記にはニールス・ボーア研究所あてに手紙を代筆してもらうための指示が細かく箇条書きされている。

病床日記について、弟子の小林稔は『著作集・別巻2』の「解説」で朝永の責任感に心をうたれ、物理学への執念には驚くほかなかったと言い、こう結んでいる。

失意のときのトモナガさんの告白(「滞独日記」の文章をさす)が彼の心の一面を如実に表わしていると書いたが、この日記に書かれているような死を目前に控えての行動がトモナガさんの真底の本心を示しており、この執念があったからこそあのように懊悩したというのが正しい見方ではなかろうか。

小林のいう本心は、この随筆集でも底を流れている。

朝永は翌年の三月半ばに退院したが、四月末、再び入院。癌細胞が完全には除去できず肺炎などを併発して一九七九年七月八日に亡くなった。

『物理学とは何だろうか』の上巻は一九七九年五月に刊行されたが、下巻の刊行は死後の一一月になった。未完の絶筆。しかし、上、下とも朝永の筆はソフトである。書かれたときの緊張をまったく感じさせない。

「半世紀の好敵手を失った」と朝永の死を悼んだ湯川秀樹も前立腺の癌で療養中だった。亡くなったのは翌々年の九月八日であった。

初出一覧

いま・むかし

父　「全人」一九五一年第十号（のちに『回想の朝永振一郎』一九八〇年、みすず書房、に収録）
①京都と私の少年時代　松井巻之助編『回想の朝永振一郎』一九八〇年、みすず書房②
今の子どもと昔の子ども　「教育研究」一九五九年一月号（『鏡のなかの世界』一九六五年、みすず書房）①
おたまじゃくし　「暮しの手帖」一九七六年七・八月号①
学生気質の今と昔　「教育大学新聞」一九六一年一月二十五日号（『鏡のなかの世界』）①
武蔵野に住んで　「武蔵野」一九六七年十一月号（『庭にくる鳥』一九七五年、みすず書房）①

学ぶ

好奇心について　「視聴覚教育」一九七三年第四号　別①
物理学あれやこれや　③
私と物理実験　「教科研究」一九五六年六月号(『鏡のなかの世界』)①
数学がわかるというのはどういうことであるか　「都中教研会報」一九六一年七月号(『鏡のなかの世界』)①
物理学者のみた生命　「月刊百科」一九七五年五月号③
自然科学と外国語　語学教育研究所編『日本人と外国語』市河三喜博士八十歳記念随筆集、一九六六年、開拓社③
科学の高度化とジャーナリズムの協力　「文理科大学新聞」一九四八年十二月五日号④
本屋さんへの悪口　「図書」一九五四年十月号　別①
理科教育と教科書　「教育」一九七〇年八月増刊号⑨
『物理学読本』の記述にあたって　⑨

わが師・わが友

わが師・わが友　「自然」一九六二年十月号(『鏡のなかの世界』)①

仁科先生　「科学」一九五一年四月号(『回想の朝永振一郎』)②
ニールス・ボーア博士のこと　「NKZ」第二号、一九六三年、仁科記念財団②
ハイゼンベルク教授のこと　②
混沌のなかから——湯川秀樹博士とのつきあい　『つきあい』湯川博士還暦記念文集、一九六八年、講談社①
素粒子論に新分野——坂田昌一さんのこと　「朝日新聞」一九七〇年十月二十日号②
プリンストンの物理学者たち　「教育大学新聞」一九五〇年九月十日号(『回想の朝永振一郎』)②
ゾイデル海の水防とローレンツ　「自然」一九六〇年一月号(『科学と科学者』一九六八年、みすず書房)④

楽　園

研究生活の思い出　②
科学者の自由な楽園　「文藝春秋」一九六〇年十一月号(『鏡のなかの世界』)①
十年のひとりごと　「自然」一九五六年五月号(『鏡のなかの世界』)①
学者コジキ商売の楽しみ　「読売新聞」一九五四年一月十三日号④

共同利用研究所設立の精神　⑥
科学と科学者　「世界」一九六五年二月号(『鏡のなかの世界』)④
パグウォッシュ会議の歩みと抑止論　湯川秀樹・朝永振一郎・豊田利幸編『核軍縮への新しい構想』一九七七年、岩波書店⑤

紀　行

北京の休日　「読売新聞」一九五七年六月四日号(『鏡のなかの世界』)①
ソ連視察旅行から(抄録)　「科学と技術の広場」一九六五年十一、十二月号、一九六六年一、二月号、科学と技術の広場の会⑫
スウェーデンの旅から(抄録)　「科学と技術の広場」一九六六年九、十、十一月号⑫
沖縄旅行記(抄録)　「科学と技術の広場」一九六八年十一、十二月号、一九六九年一月号⑫
訪英旅行と女王さま　「学士会会報」一九七三年I号(『庭にくる鳥』)①

(○数字は『朝永振一郎著作集』みすず書房、の巻数)

〔編集付記〕

一、本書の底本には、『朝永振一郎著作集』（全一二巻別巻三、みすず書房、一九八一―八五年刊）を用い、初出掲載誌・単行書を参照した。

一、本文中の〔 〕の挿入と、番号つきの注は編者によるものである。

一、左の要項にしたがって表記を改めるとともに、読みにくい語には適宜振り仮名を付した。

岩波文庫（緑帯）の表記について

近代日本文学の鑑賞が若い読者にとって少しでも容易となるよう、旧字・旧仮名で書かれた作品の表記の現代化をはかった。そのさい、原文の趣をできるだけ損なうことがないように配慮しながら、次の方針にのっとって表記がえをおこなった。

(一) 旧仮名づかいを現代仮名づかいに改める。ただし、原文が文語文であるときは旧仮名づかいのままとする。

(二) 「常用漢字表」に掲げられている漢字は新字体に改める。

(三) 漢字語のうち代名詞・副詞・接続詞など、使用頻度の高いものを一定の枠内で平仮名に改める。

(四) 平仮名を漢字に、あるいは漢字を別の漢字にかえることは、原則としておこなわない。

(五) 振り仮名を次のように使用する。

(イ) 読みにくい語、読み誤りやすい語には現代仮名づかいで振り仮名を付す。

(ロ) 送り仮名は原文どおりとし、その過不足は振り仮名によって処理する。

例、明に→明《あきらか》に

（岩波文庫編集部）

科学者《かがくしゃ》の自由《じゆう》な楽園《らくえん》

2000 年 9 月 14 日　第 1 刷発行
2007 年 4 月 16 日　第 5 刷発行

著　者　朝永振一郎《ともながしんいちろう》

編　者　江沢《えざわ》 洋《ひろし》

発行者　山口昭男

発行所　株式会社 岩波書店
〒 101-8002 東京都千代田区一ツ橋 2-5-5
案内 03-5210-4000　販売部 03-5210-4111
文庫編集部 03-5210-4051
http://www.iwanami.co.jp/

印刷・精興社　製本・桂川製本

ISBN4-00-311522-8　Printed in Japan

読書子に寄す

—岩波文庫発刊に際して—

岩波茂雄

真理は万人によって求められることを自ら欲し、芸術は万人によって愛されることを自ら望む。かつては民を愚昧ならしめるために学芸が最も狭き堂宇に閉鎖されたことがあった。今や知識と美とを特権階級の独占より奪い返すことはつねに進取的なる民衆の切実なる要求である。岩波文庫はこの要求に応じそれに励まされて生まれた。それは生命ある不朽の書を少数者の書斎と研究室とより解放して街頭にくまなく立たしめ民衆に伍せしめるであろう。近時大量生産予約出版の流行を見る。その広告宣伝の狂態はしばらくおくも、後代にのこすと誇称する全集がその編集に万全の用意をなしたるか。千古の典籍の翻訳企図に敬虔の態度を欠かざりしか。さらに分売を許さず読者を繋縛して数十冊を強うるがごとき、はたしてその揚言する学芸解放のゆえんなりや。吾人は天下の名士の声に和してこれを推挙するに躊躇するものである。このときにあたって、岩波書店は自己の責務のいよいよ重大なるを思い、従来の方針の徹底を期するため、すでに十数年以前より志して来た計画を慎重審議この際断然実行することにした。吾人は範をかのレクラム文庫にとり、古今東西にわたって文芸・哲学・社会科学・自然科学等種類のいかんを問わず、いやしくも万人の必読すべき真に古典的価値ある書をきわめて簡易なる形式において逐次刊行し、あらゆる人間に須要なる生活向上の資料、生活批判の原理を提供せんと欲する。この文庫は予約出版の方法を排したるがゆえに、読者は自己の欲する時に自己の欲する書物を各個に自由に選択することができる。携帯に便にして価格の低きを最主とするがゆえに、外観を顧みざるも内容に至っては厳選最も力を尽くし、従来の岩波出版物の特色をますます発揮せしめようとする。この計画たるや世間の一時の投機的なるものと異なり、永遠の事業として吾人は微力を傾倒し、あらゆる犠牲を忍んで今後永久に継続発展せしめ、もって文庫の使命を遺憾なく果たさしめることを期する。芸術を愛し知識を求むる士の自ら進んでこの挙に参加し、希望と忠言とを寄せられることは吾人の熱望するところである。その性質上経済的には最も困難多きこの事業にあえて当たらんとする吾人の志を諒として、その達成のため世の読書子とのうるわしき共同を期待する。

昭和二年七月